准考证号：________

考生姓名：________

工作单位：________

2025 年全国环境影响评价工程师职业资格考试

环境影响评价技术方法

考生注意事项

1. 答题前，考生须在试题册指定位置上填写工作单位、考生姓名和准考证号；在答题卡指定位置上填写考生姓名和准考证号，并涂写准考证号信息点。
2. 选择题的答案必须涂写在答题卡相应题号的选项上，非选择题的答案必须书写在答题卡指定位置的边框区域内。超出答题区域书写的答案无效；在草稿纸、试题册上答题无效。
3. 填（书）写部分必须使用黑色字迹签字笔或者钢笔书写，字迹工整、笔迹清楚；涂写部分必须使用 2B 铅笔填涂。
4. 考试结束，将答题卡和试题册按规定交回。

一、单项选择题（共 40 题，每题 1 分。每题的备选项中，只有 1 个最符合题意）

1. 某热电联声项目的中水泵被识别为主要噪声源，下列选项中水泵声源源强表述正确的是（　　）。

A. 距离水泵 1m 处的 A 计权声压级为 85dB（A）

B. 距离水泵 1m 处的有效感觉噪声级为 85dB（A）

C. 距离水泵 1m 处的线性连续声压级为 85dB（A）

D. 距离水泵 1m 处的计权等效连续感觉噪声级为 85dB（A）

2. 某制药企业扩建工程开展声环境影响评价，厂界噪声现状监测需在立面布设一个监测点，监测方案如下图所示，测点布设位置正确的是（　　）。

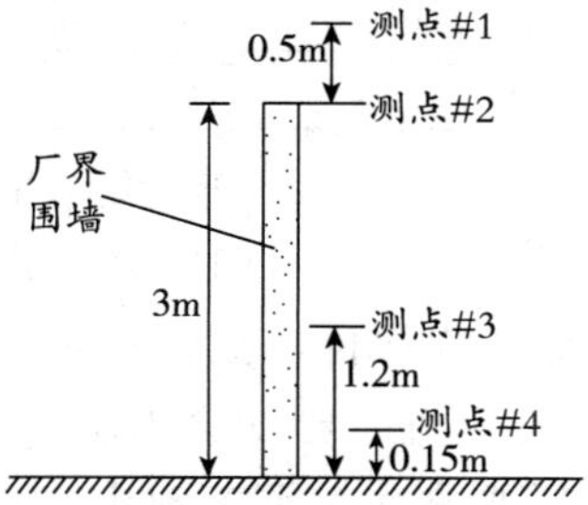

A. 测点＃1　　B. 测点＃2　　C. 测点＃3　　D. 测点＃4

3. 某城市轨道建设项目开展声环境影响评价，受地面道路声源影响的声环境保护目标处昼间噪声现状监测指数为 51.2dB（A），预计该项目建成后声环境保护目标处昼间噪声值为 54.7dB（A）。则城市轨道列车昼间在声环境保护目标处的噪声贡献值是（　　）。

A. 51.2dB（A）　　B. 52.1dB（A）　　C. 53.0dB（A）　　D. 54.7dB（A）

4. 某电场建设项目开展声环境影响评价，设定单台风机值 A 计权声功率为 105dB（A）。风电机组位于自由声场的情况下，则单台风电机组 300m 处的声压级为（　　）。

A. 44.5dB（A）　　B. 47.5dB（A）　　C. 55.5dB（A）　　D. 58.5dB（A）

5. 某天然气输出项目开展声环境影响评价，厂房长度为 35m，经查询资料，类似输气管道 1m 处的声压级为 101dB（A），则距该输气管道中心垂直路 10m 处的声压级是（　　）。

A. 81dB（A）　　B. 86dB（A）　　C. 91dB（A）　　D. 101dB（A）

6. 某油田建设项目开展声环境影响评价，污水泵位于房间地面中心，用计算模型计算污水泵一倍频率声压时，计算模型中合适的 Q 值是（　　）。

A. 1　　B. 2　　C. 4　　D. 8

7. 某石油化工项目开展声环境影响评价，夜间厂界噪声排放限值为 55dB（A），未采取噪声控制措施的情况下，经模型计算厂界处位频率声压级与 A 计算修正值见下表。则厂界夜间噪声超标量是（　　）。

频率/Hz	63	125	250	500	1 000	2 000	4 000	8 000
位频率声压级 L_i	81.9	71.8	64.3	58.9	55.7	54.5	54.7	56.8
A 计权修正值 $\triangle L_i$	−26.2	−16.1	−8.6	−3.2	0	＋1.2	−1.0	−1.1

A. 0.7dB（A）　　B. 3.9dB（A）　　C. 6.7dB（A）　　D. 9.5dB（A）

8. 下列水文地质试验方法中可以确定包气带渗透系数的是（　　）*。

A. 抽水试验　　B. 渗水试验

C. 注水试验　　D. 土柱淋滤试验

注：鉴于真题尚未收集齐全，为了便于学习，此类加＊的题目为仿真题。

9. 某建设项目开展地下水环境影响评价，需设计潜水含水层地下水跟踪监测方案，在下图所示采样井布设方案中，监测井布设正确的是（　　）。

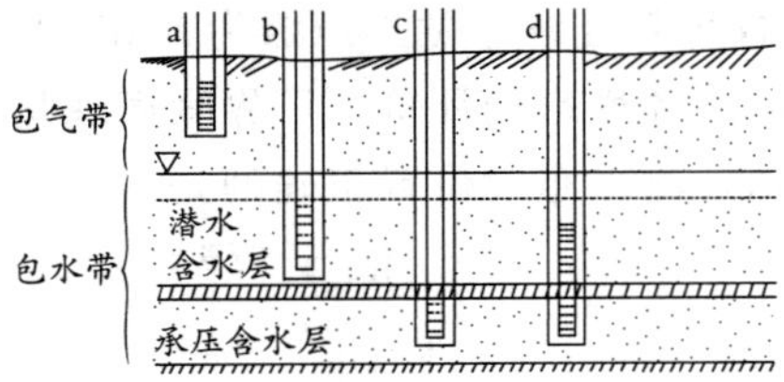

A. 采样井 a　　B. 采样井 b

C. 采样井 c　　D. 采样井 d

10. 某建设项目开展地下水环境影响评价，拟在污水处理厂污水调节池（25m×25m）下伏潜水含水层下游设一口监测井，已知含水层渗透系数为 10m/d，有效孔隙度为 0.20，水力坡度为 1.0%。若要在污水调节池中心点处发生渗漏 100d，应能够监测发现该项目的特征污染物时监测井距污水调节池中心点处的距离为（　　）。

A. 15m　　B. 50m　　C. 100m　　D. 200m

11. 某地土壤实测比重为 $2g/cm^3$，用 $100cm^3$ 环刀取原状土，实测土壤干重为 150g，则该土壤的孔隙度是（　　）。

A. 0.20　　B. 0.25　　C. 0.35　　D. 0.50

12. 某项目区地下水为河间洼地无隙潜水含水层，地下水埋藏条件简单，河流常年流水，地下水评价等级为一级，则地下水流模拟模型中，河流边界可定为（　　）。

A. 隔水边界　　B. 零通量边界　　C. 定水位边界　　D. 已知流量边界

13. 水库导致相邻区域土壤盐渍化的原因是（　　）。

A. 水土流失　　B. 水体富营养化

C. 地下水位上升　　D. 水体蒸发导致含盐量增加

14. 某化工园区污水处理厂，有平流式隔油池 6 间（每间长 30m，宽 6m，深 6m），液位保持在距上沿 2m 处，上面用水泥盖板封闭，收集后送 RTO 处理。假设隔油池封闭空间气相温度从 25℃升高到 45℃，在隔油池封闭空间压力不变，空间气体遵循理想气体定律（$PV=nRT$）的情况下，排出气体的总体积为（　　）。

A. $145m^3$　　B. $360m^3$　　C. $384m^3$　　D. $1\ 080m^3$

15. 下列除尘器中，水泥窑头除尘首选的是（　　）。

A. 静电除尘器　　B. 水膜除尘器　　C. 袋式除尘器　　D. 旋风除尘器

16. 某液体化学品采用专用罐车运输，需对装车排出的气体进行处理。已知装车时液体化学品的温度为 20℃，饱和蒸气压为 33kPa（绝），平时罐车内气压达到 110kPa（绝）时向外排气，假设罐内气相达到平衡状态并满足理想气体要求，这时罐车中液体化学品产生的气体体积百分浓度是（　　）。

A. 10%　　B. 20%　　C. 30%　　D. 33%

17. 某种废水含有高浓度的 COD、硫酸盐、硝酸盐、氨氮和硫化物，下列选项中会导致氨氮和硫化物浓度升高的废水处理工艺是（　　）。

A. 臭氧氧化　　B. 絮凝沉降

C. 生物接触氧化　　D. 升流式厌氧污泥床

18. 某城镇生活污水处理厂采用格栅＋A/O/O 生物处理工艺，污水处理过程中产生的硫化氢和氨会对附近居民产生影响。适用于该种气体除臭处理的方法是（　　）。

A. 冷凝　　B. 柴油吸收　　C. 生物滴滤　　D. 喷除臭剂

19. 某大型水库需建设项目预测坝前断面水温，则该项目地表水环境影响预测选用的水质数学模型是（　　）。

A. 零维模型　　B. 纵向一维模型

C. 平面二维模型　　D. 立面二维模型

20. 某拟建项目的废水排放量为 $0.5m^3/s$，排入的河流常年流量为 $2m^3/s$，河流 BOD_5 现状浓度为 3.2mg/L（BOD_5 环境质量标准限值为 4mg/L）。在河水完全混合、不考虑污染物降解且预留 10％安全余量的情况下，该建设项目废水中的 BOD_5 的最大允许排放量浓度为（　　）。

A. 4.8mg/L　　B. 5.2mg/L　　C. 5.4mg/L　　D. 6.0mg/L

21. 某河流上游断面 COD 实测浓度为 30mg/L，自然条件下 COD 浓度每 6km 下降 8％。上下游断面相距 9km。上游断面来水到达下游断面的时间为 1d，采用河流纵向一维水质模型估算该河道一阶降解系数为（　　）。

A. $0.10d^{-1}$　　B. $0.13d^{-1}$　　C. $0.15d^{-1}$　　D. $0.18d^{-1}$

22. 河流混合过程段长度 L_m 的计算式如下，其中 a 为（　　）。

$$L_m=\left\{0.11+0.7\left[0.5-\frac{a}{B}-1.1\left(0.5-\frac{a}{B}\right)^2\right]^{1/2}\right\}\frac{uB^2}{E_y}$$

A. 水面宽度　　B. 断面流速

C. 排放口到岸边的距离　　D. 污染物横向扩散系数

23. 某项目拟采用环境影响矩阵方法对主要环境影响要素进行识别，环境影响评价时段为建设施工期和生产运营期。环境影响因素识别矩阵定性分析应包含的环境影响是（　　）。

A. 地下水污染距离　　B. 对项目收益率的影响

C. 废水排放口污染物浓度　　D. 环境空气短期与长期影响

24. 某项目环境风险评价专题中，针对设定的油品储罐火灾事故情形，预测了火灾产生的一氧化碳浓度分布。大气毒性终点浓度 1 级（$380mg/m^3$）出现距离约为 70m，大气毒性终点浓度 2 级（$95mg/m^3$）出现距离约为 230m。则在距离事故源 400m 处可能出现的环境危害后果是（　　）。

A. 人员立即死亡

B. 无任何环境影响

C. 环境空气质量超标

D. 一氧化碳急性中毒，威胁生命

25. 某技改项目根据工程分析结果，氮氧化物和挥发性有机物排放量汇总见下表（单位：t/a）。该技改项目挥发性有机物新增总量是（　　）t/a。

污染物	技改主体项目增加量	相关工程引起的变化量	“以新带老”削减量	变化量
NO_x	1.78	—	—	1.78
TVOC	0.07	5.58	−1.47	4.18

A. 0.07　　B. 4.18　　C. 1.78　　D. 5.58

26. 某项目以苯为原料生产化学品，生产过程有反应、分离两个单元，排出的废气、废水、固体废物含苯量及流向如下图所示。其中，①：废水含苯 0.671t/a；②：反应尾气含苯 0.127t/a；③：烟气排放含苯 0.001 8t/a；④：分离尾气含苯 6.62t/a；⑤：固体废物含苯 142.5t/a；⑥：固体废物含苯 11.61t/a；⑦：废水含苯 0.079t/a。该项目工艺废气中含苯总量是（　　）。

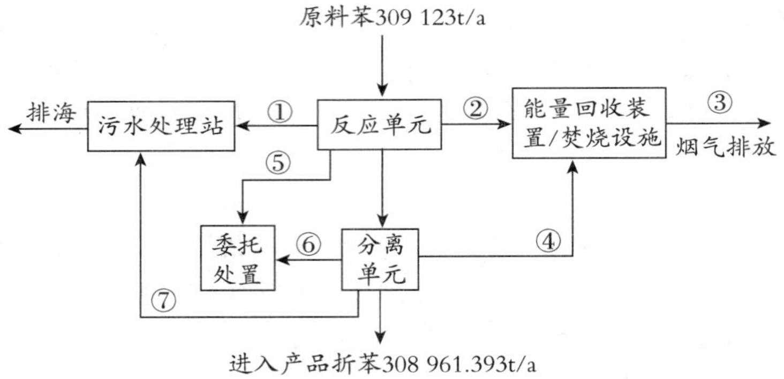

A. 0.750t/a　　B. 6.749t/a　　C. 7.497t/a　　D. 154.11t/a

27. 某新建工业项目拟开展环境空气质量现状补充监测，日平均浓度有效采样时间必须 24 小时连续采样的监测因子是（　　）。

A. BaP　　B. CO　　C. $PM_{2.5}$　　D. PM_{10}

28. 某水泥制造项目大气环境影响评价等级为一级，布设 M、N 两个环境质量现状补充监测点并于相同时间进行 TSP 现状监测，具体监测数据见下表（单位：$\mu g/m^3$）。本项目环境空气保护目标及网格点 TSP 日均浓度应为（　　）。

监测点位	平均时间	第 1 天	第 2 天	第 3 天	第 4 天	第 5 天	第 6 天	第 7 天
M	24h 平均	264	222	268	236	284	250	260
N	24h 平均	260	228	244	240	248	244	254

A. $222\mu g/m^3$　　B. $256\mu g/m^3$　　C. $266\mu g/m^3$　　D. $284\mu g/m^3$

29. 某市公布了该市全年共 361 天的 PM_{10} 日均浓度值，污染物浓度从小到大排序，本地区 PM_{10} 的 24 小时平均第 95 百分位数浓度是（　　）。

A. 第 340 位对应的日均值浓度　　B. 第 341 位对应的日均值浓度

C. 第 342 位对应的日均值浓度　　D. 第 343 位对应的日均值浓度

30. 某污染影响类建设项目需编制环境影响报告表并开展大气专项评价，采用估算模型进行大气环境影响评价等级估算时，需要收集的资料是（　　）。

A. 区域湿度条件　　B. 区域地形数据

C. 周边 3km 范围内的植被类型　　D. 评价区域近 1 年逐时气象资料

31. 某油气田开发工程少量井场临近某遗鸥省级自然保护区，施工期已避开遗鸥繁殖期，运营期污染物达标排放，噪声预测值≤45dB。该项目运营期产生的生态影响程度为（　　）。

A. 无生态影响　　B. 弱生态影响

C. 中度生态影响　　D. 强生态影响

32. 某煤电一体化项目，配套建设 1 000 万 t/a 露天煤矿。下列生态影响中，属于间接影响的是（　　）。

A. 景观多样性变化

B. 工程施工破坏地表植被

C. 地下水位变化导致植被变化

D. 噪声对周边野生动物造成干扰

33. 下列工程建设生态影响程度判定中，正确的是（　　）。

A. 机场施工需城市河道临时改道，施工后河道恢复原状，为无生态影响

B. 项目占用绝大部分重要物种天然集中分布区，为强生态影响

C. 桥梁施工临时截流导致城市景观河道变窄，为中度生态影响

D. 公路项目占用少量农田，为中度生态影响

34. 某草地调查样地共发现莎草、蒿草、苜蓿三种草本植物，植物个体数量分别为 20 株、12 株和 8 株，则该调查区域 Simpson 优势度指数是（　　）。

A. 0.20　　B. 0.38　　C. 0.50　　D. 0.62

35. 某建设项目生态影响评价等级为二级，其土壤影响范围内有少量天然林，在对林内的保护动物林蛙进行生态现状调查时，可以采用的调查方法是（　　）。

A. 样线法　　B. 网捕法

C. 分区直数法　　D. 遥感影像解译法

36. 在对生态影响评价范围内重点保护植物野大豆的调查结果进行统计时，统计表中至少应包含的信息是（　　）。

A. 株高　　B. 生物量

C. 叶面指数　　D. 分布区域

37. 反映调查区域内各物种个体数目分配均匀程度的指数是（　　）。

A. 聚集度指数　　B. 蔓延度指数

C. 生物完整性指数　　D. Pielou 均匀度指数

38. 采用类比分析法进行生态影响评价时，下列说法正确的是（　　）。

A. 能定量评价建设项目的生态影响

B. 选择恰当类比对象是进行类比分析或预测评价的基础

C. 一般以目标生态系统作为参照，评价原始生态系统的质量

D. 应选择规模相当、生态因子相似、工程进度相同的项目作为类比对象

39. 下列建设项目中，应制定全生命周期生态监测计划的是（　　）。

A. 围填海项目　　B. 新建码头项目

C. 新建大型水库项目　　D. 新建 80km 高速公路项目

40. 某水坝建设项目可能会阻隔某保护鱼类洄游通道，下列生态保护措施中，应优先选择的是（　　）。

A. 建设过鱼设施

B. 制定损害赔偿计划

C. 优化设计，避让洄游通道

D. 提出生态调度方案，确保生态流量

二、不定项选择题（每题 2 分，共 80 分。每题的备选项中，至少有 1 个符合题意。多选、错选、少选均不得分）

41. 公路交通运输噪声预测模式中，确定某类车辆能量平均 A 声级时，需满足的条件有（　　）。

A. 该类车辆的车速　　B. 昼夜平均小时车流量

C. 计算等效声级的时间　　D. 距离车辆的水平距离为 7.5m

42. 某洗涤日化项目开展声环境影响评价，声环境保护目标现状调查应包括的内容有（　　）。

A. 建筑结构　　B. 建筑朝向

C. 空间相对位置　　D. 距厂界最近距离

43. 工业企业开展声环境影响评价，通常会将多台噪声设备等效为点声源进行模型计算，多台噪声设备等效为点声源应满足的条件有（　　）。

A. 各设备声功率大致相同

B. 各设备距离地面高度大致相同

C. 各设备到预测点的传播条件相同

D. 各设备到预测点的距离大于设备最大尺寸的 2 倍

44. 某城市轨道交通运输项目开展声环境影响评价，噪声敏感点处列车运行产生的等效声级大小与列车运行噪声的作用时间长短有关，为确定列车运行噪声的作用时间，需要的参数有（　　）。

A. 列车长度　　B. 列车高度

C. 列车运行速度　　D. 敏感点到线路中心线水平距离

45. 某城市快速路建设项目开展声环境影响评价。为降低噪声对拟建城市快速路两侧高层建筑的影响，提出如下降噪措施，其中可有效防治噪声污染的有（　　）。

A. 路面设置减速带

B. 路肩设置声屏障

C. 建筑物外窗更换为隔声窗

D. 道路线路形式由地面改为高架

46. 开展机场工程建设项目工程分析时，一般包括的时段有（　　）。

A. 设计期　　B. 施工期　　C. 运行期　　D. 退役期

47. 注水试验可以确定的水文地质参数包括（　　）。

A. 给水度　　B. 渗透系数　　C. 弥散度　　D. 影响半径

48. 下列固体废物中可进入刚性填埋场进行处理的有（　　）。

A. 医疗废物　　B. 空分分子筛

C. 危险废物焚烧炉渣　　D. 垃圾填埋场渗滤液

49. 环境空气保护目标调查表应包含的内容有（　　）。

A. 保护目标中心点的坐标　　B. 相对距离

C. 相对厂址的方位　　D. 乡村人口数

50. 某项目排放硫化氢和氨等污染物。硫化氢最大浓度占标率为 8.6%，氨的最大浓度占标率为 8%。下列关于评价等级和评价范围的判定，正确的有（　　）。

A. 评价等级为二级　　B. 评价等级为三级

C. 评价范围为边长为 5km 的矩形范围　　D. 无需设置评价范围

51. 有机废气进行燃烧处理，下列说法正确的有（　　）。*

A. 有机废气经催化燃烧后可以彻底分解为二氧化碳和水，无二次污染

B. 催化燃烧技术近年来随着催化剂性能的提升，使用寿命延长，应用范围不断扩大

C. 催化燃烧适用于废气中颗粒物浓度高的情况

D. 热力燃烧法对废气中颗粒物浓度无要求，无需预处理

52. 下列条件中只能用 CALPUFF 模型进行预测的有（　　）。*

A. 近 20 年统计的全年静风（风速为 0.3m/s）频率超过 35%

B. 建设项目处于大型水体（海或湖）岸边 3km 范围内，未发生熏烟现象

C. 项目评价基准年内存在风速≤0.5m/s 的持续时间超过 72h

D. 建设项目处于大型水体（海或湖）岸边 3km 范围内，存在岸边熏烟，且估算的最大 1h 平均质量浓度超过环境质量标准

53. 关于 A 声级的说法，正确的有（　　）。*

A. A 声级是描述声波能量的物理量　　B. A 声级与各倍频带声级大小有关

C. A 声级反映人对噪声的主观感觉　　D. A 声级可用于评价稳态噪声

54. 燃气增压站压缩机配置的轻质隔声罩，对隔声罩板材的要求有（　　）。*

A. 内壁应光滑　　B. 内壁应敷设吸声材料

C. 隔声量应满足需求　　D. 板材上电缆孔洞应密封

55. 关于风机排风系统中消声器选用要求的说法，正确的有（　　）。*

A. 消声器的各倍频带消声量应相同

B. 消声器的消声量应符合降噪要求

C. 消声器的再生噪声应不影响消声量

D. 消声器的附加阻力损失应控制在设备允许范围内

56. 某拟建项目地处县城东 20km，排放的特征污染物为 H_2S，该项目大气环境影响评价等级为一级、评价范围为 15km×15km，项目东侧 10km 有自然保护区，当地县城有两个环境空气质量监测点，县城及项目所在区域为大气环境二类功能区，该项目大气环境现状评价中，必须补充监测的有（　　）。*

A. 县城监测点的 H_2S　　B. 厂址的基本污染物

C. 自然保护区的基本污染物　　D. 自然保护区的 H_2S

57. 某水泥厂改扩建项目，所在县城 2020 年 PM_{10} 年平均浓度为 $82\mu g/m^3$；$PM_{2.5}$ 年平均浓度为 $53\mu g/m^3$；SO_2 年平均浓度为 $46\mu g/m^3$，24 小时平均浓度有 1 个超标；NO_2 24 小时平均浓度有 10 个超标；CO 24 小时平均第 95 百分位数为 $2.8mg/m^3$；O_3 日

最大 8 小时滑动平均的第 90 百分位数为 172μg/m^3。除 PM_{10}、$PM_{2.5}$ 外，县城 2020 年城市环境空气质量超标因子还有（　　）。*

A. SO_2　　B. NO_2　　C. CO　　D. O_3

58. 下列气象参数中，大气预测估算模型需要输入的参数有（　　）。*

A. 当地近 3 年资料统计的平均气压

B. 当地近 3 年资料统计的平均风速

C. 当地近 20 年以上资料统计的最高气温

D. 当地近 20 年以上资料统计的最低气温

59. 某钢铁企业现有 2×360m^2烧结机、2×50t 转炉、3×500m^3高炉等及配套设施，拟关停 2×50t 转炉、3×500m^3高炉，扩建 3×120t 转炉、1×1 860m^3高炉。为预测该改扩建项目大气污染物厂界浓度，需要输入预测模型的大气污染源有（　　）。*

A. 2×50t 转炉　　B. 2×360m^2烧结机

C. 3×120t 转炉　　D. 1×1 860m^3高炉

60. 下列措施中，属于生活垃圾焚烧炉控制二噁英的措施有（　　）。*

A. 对入炉垃圾进行分类

B. 烟气在高温区的停留时间在 2s 以上

C. 排气筒出口处烟气速度增加到 20m/s

D. 焚烧炉炉腔内焚烧温度保持在 850℃以上

61. 某农药建设项目环境风险评价专题工作成果中，环境风险防控措施平面布置图的主要内容有（　　）。*

A. 企业办公楼的位置　　B. 厂区自来水管廊架的位置

C. 事故废水排放管道走向　　D. 废水外排口及截断阀分布

62. 某建设项目装置区潜水埋深 15m，地下水污染预测模拟计算时，下列垂向渗透系数中，需考虑包气带对污染物迁移起阻滞作用的有（　　）。*

A. 1×10^{-12}cm/s　B. 1×10^{-7}cm/s　C. 1×10^{-5}cm/s　D. 1×10^{-3}cm/s

63. 属于地下水污染修复技术的有（　　）。*

A. 生物通风技术　　B. 化学氧化技术

C. 固化稳定化技术　　D. 可渗透反应墙技术

64. 某化工项目污水处理设施建于集中式饮用水水源地上游 5km 处，对下游方向 1km 处下伏潜水含水层进行跟踪监测时，发现该污水特征污染物呈明显上升趋势，有向下游污染的风险，该项目可采取的地下水污染应急防控措施有（　　）。*

A. 修复污水设施的渗漏点

B. 在监测井下游建立注水阻隔系统

C. 建立抽水水力阻隔系统

D. 监测地下水特征水质因子浓度变化

65. 某生产车间产生含铬废水和含氰废水，下列说法正确的有（　　）。*

A. 含氰废水应进行破氰预处理

B. 含铬废水应在碱性条件下生成沉淀除铬

C. 含氰废水应单独收集处理，必须车间排放口达标

D. 含铬废水应单独收集处理，必须车间排放口达标

66. 对某河流断面进行水质现状监测，COD、总磷、铜、氨氮的标准指数分别为 0.8、1.1、0.8、0.8，DO 的标准指数是 1.25，该河流相关污染源应削减的污染物有（　　）。*

A. 总磷　B. 铜　C. 氨氮　D. COD

67. 下列废水处理单元中，属于废水脱盐处理的工艺有（　　）。*

A. 纳滤　B. 蒸发结晶　C. 超滤　D. RO 膜技术

68. 含酚废水进入河流后，导致其沿程浓度降低的过程有（　　）。*

A. 沉淀　B. 挥发　C. 混合　D. 降解

69. 下列生态影响型项目的工程分析内容中，属于该项目工程分析重点的有（　　）。*

A. 公路项目对动物迁徙通道的阻隔影响

B. 水库项目对原生常绿阔叶林的淹没影响

C. 油气田开采项目对邻近自然保护区的影响

D. 风电场项目 35kV 集电线路的电磁辐射影响

70. 在应用遥感技术进行生态调查时，遥感影像分类结果的后处理过程包括（　　）。*

A. 几何校正　B. 矢量化　C. 光滑或过滤　D. 条纹消除

71. 在对某输气管道项目沿线陆生植被和植物进行样方调查时，拟对其间的马尾松物种进行重要值计算，需要的参数有（　　）。*

A. 相对密度　B. 相对频度

C. 相对稳定度　D. 相对优势度

72. 下列斑块特征中，用于描述景观单元特征的指标有（　　）。*

A. 斑块周长　B. 斑块数　C. 斑块破碎度　D. 斑块类型面积

73. 某危险废物处置中心，焚烧车间采用 30t/d 回转窑焚烧系统处置有机树脂类废物、医药废物、含有机溶剂废物、精馏残渣和废油等。焚烧烟气经 50m 高烟囱排放，以下烟气净化措施合理的有（　　）。*

A. SNCR 脱硝＋急冷　B. 消石灰和活性炭喷射

C. 布袋收尘＋钠碱法脱酸　D. 烟气再加热

74. 采用样方法观察爬行动物时，关于样方的设置，正确的有（　　）。

A. 样方一般为正方形　B. 样方大小可设置成 2m×2m

C. 样方大小可设置成 10m×10m　D. 尽可能涵盖不同的生境类型

75. 下列内陆水域鱼类调查方法中，适用于大型湖泊鱼类观测的方法有（　　）。

A. 标记重捕方法　B. 自主采样方法

C. 渔获物调查方法　D. 声呐水声学调查方法

76. 某钢铁企业拟增建 1 条 180 万 t/a 球团矿项目，其球团焙烧烟气中主要污染因子有（　　）。*

A. 颗粒物　B. 氟化物　C. 一氧化碳　D. 氮氧化物

77. 生态现状及影响评价方法中，图形叠置法的基本制作手段有（　　）。

A. 指标法　B. 3S 叠图法

C. 类比分析法　D. 单因子指数法

78. 某工业建设项目占用林地，采用生态系统评价方法可进行评估的生态影响有（　　）。

A. 生物量变化　　B. 生产力变化

C. 生物多样性变化　　D. 生态系统功能变化

79. 某高速铁路建设项目临近鸟类自然保护区，其施工噪声、灯光可能对鸟类栖息产生影响。下列生态保护措施中，可用于降低或者减缓对鸟类生态影响的有（　　）。

A. 避免夜间施工　　B. 选用低噪声施工设备

C. 施工期避开鸟类的繁殖期　　D. 加强表土堆存保护及管理

80. 生态监测计划应当包含的内容有（　　）。

A. 监测因子　　B. 监测点位

C. 监测频次　　D. 监测方法

参考答案及解析

一、单项选择题

1. A　【解析】选项 C 错误，"线性连续声压级"未进行 A 计权，不能反映人耳实际感受，也不符合环境噪声评价的常规表述。选项 B、D 错误，"有效感觉噪声级""计权等效连续感觉噪声级"主要用于航空噪声评价，不适用于水泵等工业设备。

2. A　【解析】一般情况下，测点选在工业企业单位法定厂界外 1m、高度 1.2m 以上的位置。厂界如有围墙，测点应高于围墙 0.5m。

3. B　【解析】噪声预测值计算公式为：$L_{eq}=10\lg(10^{0.1L_{eqg}}+10^{0.1L_{eqb}})$。式中，$L_{eq}$——预测点的预测等效声级，dB（A）；$L_{eqg}$——建设项目声源在预测点的等效声级贡献值，dB（A）；L_{eqb}—预测点的背景值，dB（A）。则噪声贡献值 $L_{eq}=10\lg(10^{0.1L_{eqg}}-10^{0.1L_{eqb}})=10\lg(10^{5.47}-10^{5.12})=52.1$［dB（A）］。

4. A　【解析】已知点声源的 A 计权声功率级 L_{WA}（也可为声功率级），且声源处于自由空间，则 r 处的 A 声级可由 $L_A(r)=L_{WA}-20\lg r-11$ 求得，则声压级 $L_A(r)=105-20\lg300-11=44.5$［dB（A）］。

5. C　【解析】已知垂直于无限长线声源的距离 r_0 处的声级，则 r 处的声级可由 $L_A(r)=L_A(r_0)-10\lg(r/r_0)$ 计算得到。式中，$L_A(r)$，$L_A(r_0)$ 分别为垂直于无限长线声源的距离 r，r_0 处的声级。则 $L(10)=101-10\lg(10/1)=91$［dB（A）］。

6. A　【解析】通常对无指向性声源，当声源放在房间中心时，$Q=1$；当放在一面墙的中心时，$Q=2$；当放在两面墙夹角处时，$Q=4$；当放在三面墙夹角处时，$Q=8$。

7. D　【解析】几个声压级相加的通用式为：$L_{总}=10\lg(\sum_{i=1}^{n}10^{\frac{L_i}{10}})$。式中，$L_{总}$——几个声压级相加后的总声压级，dB；$L_i$——某一个声压级，dB。因为存在 A 计权修正值，则 L_1 到 L_8 分别为 55.7 dB（A）、55.7 dB（A）、55.7 dB（A）、55.7 dB（A）、55.7 dB（A）、55.7 dB（A）、53.7 dB（A）、55.7 dB（A），$L_{总}=10\lg(7\times10^{\frac{55.7}{10}}+10^{\frac{53.7}{10}})\approx64.5$［dB（A）］，夜间噪声超标量$=64.5-55=9.5$［dB（A）］。

8. B　【解析】抽水试验：目的是确定含水层的导水系数、渗透系数、给水度等水文地质参数，也可以通过抽水试验查明某些其他手段难以查明的水文地质条件，如地表水与地下水之间及含水层之间的水力联系，以及边界性质和强径流带位置等。渗水试验：目的是测定在野外现场测定包气带土层垂向渗透系数。注水试验：目的与抽水试验相同。土柱淋滤试验：目的是模拟污水的渗入过程，研究污染物在包气带中的吸附、转化、自净机制，确定包气带的防护能力，为评价污水渗漏对地下水水质的影响提供依据。

9. B　【解析】采样井 a 只能监测包气带；采样井 c 只能监测承压含水层；采样井 d 同时监测潜水含水层和承压含水层，导致串层。

10. B　【解析】计算下游迁移距离，所用公式为：$L=\alpha\times K\times I\times T/n_e$。式中，L——

下游迁移距离，m；α——变化系数，$\alpha \geqslant 1$，一般取 2；K——渗透系数，m/d；I——水力坡度，无量纲；T——质点迁移天数，取值不小于 5 000d；n_e——有效孔隙度，无量纲。题干中未提到变化系数，因此可不考虑该项并简化公式。则 $L=K\times I\times T/n_e=10\times1.0\%\times100/0.20=50$（m）。

11. B 【解析】土壤容重＝干土重/体积，土壤孔隙度＝1－土壤容重/土壤比重＝1－150/100/2＝0.25。

12. C 【解析】在进行水文地质条件分析时，区域边界的性质可按下表确定。

区域边界	性质
定水位边界	地表水对含水层有很强的补给能力，降落漏斗不可能超越此边界线
隔水边界	断层本身不透水，或断层的另一盘是隔水层
流量边界	断裂带本身导水，计算区内为强含水层，区外为弱含水层
补给边界	断裂带本身导水，计算区内为导水性较弱的含水层，区外为强导水的含水层

13. C 【解析】蓄水区地下水位上升，导致土壤盐渍化。

14. A 【解析】由题意可知，整个过程中压力不变，且有气体排出。在未升温之前，$PV_2=nRT_2$，在升温之后，以原封闭区及被排出的气体为研究对象，$PV_1=nRT_1$。两式子左右分别相除，得到 $V_2/V_1=T_2/T_1$，进一步化简得 $V_1=T_1/T_2\times V_2$，排出气体总体积，即 $V_1-V_2=T_1/T_2\times V_2-V_2=$（273.15＋45）/（273.15＋25）×（30×6×2×6）－（30×6×2×6）≈145（m^3）。

15. C 【解析】水泥窑协同处置固体废物设施，窑尾烟气除尘应采用高效袋式除尘器。

16. C 【解析】饱和蒸气压指在密闭条件中，在一定温度下，与固体或液体处于相平衡的蒸气所具有的压强，可以简单理解成该温度、压力下气体的最大挥发量所产生的最大压强。气压从微观上说是分子撞击容器器壁产生的压强，所以平时罐车内达到 110kPa 的气压是由各种气体（包括空气中氮气、氧气和其他气体，还有液体化学品挥发出的气体）同时撞击罐车罐体产生的总压强。又知道该状态下液体化学品产生气体的饱和蒸气压为 33kPa，也就是说液体化学品产生的气体撞击器壁最大能造成 33kPa 的压强。罐车罐体内的理想气体在同温同压下，每个分子对器壁产生的撞击力也就是压力大小相同，那么罐车内液体化学品产生气体的总分子数量/罐车内所有气体的总分子数量＝罐车内液体化学品产生气体的饱和蒸气压/罐车内总气压＝（33kPa）/（110kPa）×100%＝30%。根据公式 $PV=nRT$，R 为常数，同一罐车内的 P、T 相同，n 为气体物质的量（用于描述微观粒子数目的物理量），所以 $V_{液体化学品产生的气体}/V_{总}=n_{液体化学品产生的气体}/n_{总}$＝罐车内液体化学品产生气体的总分子数量/罐车内所有气体的总分子数量＝30%。（为方便讨论，假定液体化学品是由分子构成的，假定所有气体中均为分子，实际上并不影响结论）

17. D 【解析】选项 A 错误，利用臭氧进行氧化，水中的氨氮会转化为硝酸盐，硫化物转化为硫酸盐，使得二者含量降低。选项 B 错误，絮凝沉降主要通过絮凝剂吸附、沉淀去除悬浮物和胶体，对溶解性的氨氮和硫化物几乎无去除作用，但也不会使其浓度升高（无转化反应）。选项 C 错误，与选项 A 类似，此处理过程亦会导致氨氮转化为硝酸盐，硫化物转化为硫酸盐。选项D正确，在厌氧环境下，蛋白质会分解为氨氮，且氨氮因为无硝化作用不易被消耗，氨氮含量会增加；硫酸盐转化为硫化物，且硫化物不易被氧化，硫化物含量增加。

18. C 【解析】城镇污水处理厂有生化污泥，选择生物法除臭较合理。

19. D 【解析】湖库数学模型适用条件可按下表确定。

模型分类	模型空间分类						模型时间分类	
	零维模型	纵向一维模型	平面二维	垂向一维	立面二维	三维模型	稳态	非稳态
适用条件	水流交换作用较充分、污染物质分布基本均匀	污染物在断面上均匀混合的河道型水库	浅水湖库，垂向分层不明显	深水湖库，水平分布差异不明显，存在垂向分层	深水湖库，横向分层差异不明显，存在垂向分层及纵向差异	深水湖库，垂向及水平分布差异明显	流场恒定、源强稳定	流场不恒定或源强不稳定

20. B 【解析】设最大允许排放浓度为 x mg/L，则根据题干可列式为（$0.5x+3.2\times2$）/（$0.5+2$）$=4\times$（$1-10\%$），解得 $x=5.2$。

21. B 【解析】污染物穿透此地质介质层时在地下水中的浓度为 $c=c_0\exp(-kt)$。式中，c_0，c——污染物进入和穿透此地质介质层前后的浓度；k——污染物的降解或衰变速率常数。自然条件下COD浓度每6km下降8%，则9km下降12%，断面相距9km时COD浓度为88%；上游断面处污染物浓度可按单位1进行计算。则 $k=\ln(c/c_0)/(-t)=\ln(88\%/1)/(-1)\approx0.13$。

22. C 【解析】河流混合过程段长度 L_m 的计算式：

$$L_m=\left\{0.11+0.7\left[0.5-\frac{a}{B}-1.1\left(0.5-\frac{a}{B}\right)^2\right]^{1/2}\right\}\frac{uB^2}{E_y}$$

。式中，L_m——混合段长度，m；B——水面宽度，m；a——排放口到岸边的距离（最大取值0.5B），m；u——断面流速，m/s；E_y——污染物横向扩散系数，m^2/s。

23. D 【解析】环境影响因素识别可采用矩阵法、网络法、地理信息系统支持下的叠加图法等。定性分析建设项目对各环境要素可能产生的污染影响与生态影响，包括有利与不利影响、长期与短期影响、可逆与不可逆影响、直接与间接影响、累积与非累积影响等。

24. C 【解析】大气毒性终点浓度即预测评价标准。1级为当大气中危险物质浓度低于该限值时，绝大多数人员暴露1h不会对生命造成威胁，当超过该限值时，有可能对人群造成生命威胁；2级为当大气中危险物质浓度低于该限值时，暴露1h一般不会对人体造成不可逆的伤害，或出现的症状一般不会损伤该个体采取有效防护措施的能力。当距离事故源达到400m时，已超出题干中所给的两个阈值的影响范围（70m、230m），说明该位置的一氧化碳浓度低于95mg/m^3，未达到对人体产生危害的阈值。但是，根据《环境空气质量标准》（GB 3095—2012）及修改单，环境空气质量标准对一氧化碳浓度的规定为：24 小时 1 级与 2 级平均浓度限值均为 4mg/m³。因此在 400m 处可能存在环境空气质量超标。

25. B 【解析】0.07＋5.58－1.47＝4.18（t/a）。

26. B 【解析】工艺废气＝②＋③＋④＝0.127＋0.001 8＋6.62＝6.748 8≈6.749（t/a）。

27. A 【解析】根据《环境空气质量标准》（GB 3095—2012），CO、$PM_{2.5}$、PM_{10}每日至少有 20 个小时的采样时间，BaP 每日应有 24 个小时的采样时间。

28. C 【解析】对采用补充监测数据进行现状评价的，取各污染物不同评价时段监测浓度的最大值，作为评价范围内环境空气保护目标及网格点环境质量现状浓度。对于有多个监测点位数据的，先计算相同时刻各监测点位平均值，再取各监测时段平均值中的最大值。监测点位 M 与 N 第 1～7 天相同时刻的点位平均值分别为 262、225、256、238、266、247、257，则各监测点时刻平均值中的最大值为 266μg/m³。

29. D 【解析】第 p 百分位数 m_p 的序数 k，按 $k=1+(n-1)\times p\%$ 计算。式中，k——$p\%$位置对应的序数；n——污染物浓度序列中的浓度值数量。则 $k=1+(361-1)\times 95\%=343$。

30. A 【解析】选项 B 错误，编制环境影响报告书的项目在采用估算模型计算评价等级时，应输入地形参数。选项 C 错误，当项目周边 3km 半径范围内一半以上面积属于城市建成区或者规划区时，选择城市，否则选择农村；对估算模型 AERSCREEN，当污染源附近 3km 范围内有大型水体时，需选择岸边熏烟选项。选项 D 错误，进一步预测模型需要逐时气象资料。

31. B 【解析】弱生态影响：生境受到暂时性破坏，水系开放连通性变化不大；野生动植物栖息繁衍（或生长繁殖）受到暂时性干扰，物种种类、种群数量、种群结构变化不大；生物多样性、生态系统结构、功能以及生态系统稳定性基本维持现状；自然景观、自然遗迹基本未受到破坏；在干扰消失后可以生态修复或自然恢复。根据生态影响分级标准，需综合以下因素判断：①生境破坏：井场占地，且未占用遗鸥核心栖息地，生境未受破坏。②野生动植物影响：运营期避开繁殖期，污染物达标且噪声≤45dB（低于遗鸥惊扰阈值 50dB），仅为暂时性干扰。③生态修复：施工结束后可通过植被恢复在 1～2 年内自然修复，修复难度低。综上，项目对遗鸥保护区的影响符合“弱生态影响”。

32. C 【解析】生态影响方式可分为直接、间接、累积影响，可依据以下内容进行判断：①直接生态影响：临时、永久占地导致生境直接破坏或丧失；工程施工、运行导致个体直接死亡；物种迁徙（或洄游）、扩散、种群交流受到阻隔；施工活动以及运行期噪声、振动、灯光等对野生动物行为产生干扰；工程建设改变河流、湖泊等水体天然状态等。②间接生态影响：水文情势变化导致生境条件、水生生态系统发生变化；地下水水位、土壤理化特性变化导致动植物群落发生变化；生境面积和质量下降导致个体死亡、种群数量下降或种群生存能力降低；资源减少及分布变化导致种群结构或种群动态发生变化；因阻隔影响造成种群间基因交流减少，导致小种群灭绝风险增加；滞后效应（例如，由于关键种的消失使捕食者和被捕食者的关系发生变化）等。③累积生态影响：整个区域生境的逐渐丧失和破碎化；在景观尺度上生境的多样性减少；不可逆转的生物多样性下降；生态系统持续退化等。选项 A 属于累积生态影响。选项 B、D 属于直接生态影响。

33. B 【解析】选项 A 中，施工期内不可避免会对河道生态系统造成干扰，可能影响物种生存环境、水体自净能力等，不能确认为无生态影响。选项 C 临时截流、选项 D 占用少量农田属于弱生态影响。

34. D 【解析】Simpson 优势度指数与均匀度指数相对应，计算公式为：$D=1-\sum_{i=1}^{s}P_i^2$。式中，D——Simpson 优势度指数；S——调查区域内物种种类总数；P_i——调查区域内属于第 i 种的个体比例。植物总个体数量为 20＋12＋8＝40（株），则 $D=1-[(20/40)^2+(12/40)^2+(8/40)^2]=0.62$。

35. A 【解析】两栖爬行类物种调查方法及适用情况见下表。

两栖爬行类物种调查方法	适用情况
样线法	各种生境
样方法	各种生境
栅栏陷阱法	泥土基质的生境且攀爬能力较弱的物种
人工覆盖物法	草地、湿地、灌丛、滩涂等自然隐蔽物较少的生境
人工庇护所法	树栖型蛙类较多且静水生境较少的南方森林
标记重捕法	—

36. D 【解析】重要野生植物调查结果统计表如下。

序号	物种名称（中文名/拉丁名）	保护级别	濒危等级	特有种（是/否）	极小种群野生植物（是/否）	分布区域	资料来源	工程占用情况（是/否）
1								
…								
注 1：保护级别根据国家及地方正式发布的重点保护野生植物名录确定 注 2：濒危等级、特有种根据《中国生物多样性红色名录》确定 注 3：资料来源包括环评现场调查、文献记录、历史调查资料及科考报告等 注 4：涉及占用的应说明具体工程内容和占用情况（如株数等），不直接占用的应说明与工程的位置关系								

37. D 【解析】聚集度指数反映基于栅格数量测度景观或者某种斑块类型的聚集程度。高蔓延度值（蔓延度指数）表明景观中的某种优势斑块类型形成了良好的连接性，反之则表明景观具有多种要素的密集格局，破碎化程度较高。生物完整性指数已被广泛应用于河流、湖泊、沼泽、海岸滩涂、水库等生态系统健康状况的评价，指示生物类群也由最初的鱼类扩展到底栖动物、着生藻类、维管植物、两栖动物和鸟类等。Pielou 均匀度指数是反映调查区域内各物种个体数目分配均匀程度的指数。

38. B 【解析】选项 A 错误，类比分析法是一种比较常用的定性和半定量评价方法。选项 B 正确，选择好类比对象（类比项目）是进行类比分析或预测评价的基础，也是该方法成败的关键。选项 C 错误，类比分析法以原始生态系统作为参照，可评价目标生态系统的质量。选项 D 错误，类比对象的选择条件是：工程性质、工艺和规模与拟建项目基本相当，生态因子相似，项目建成已有一定时间，所产生的影响已基本全部显现。

39. C 【解析】大中型水利水电项目、采掘类项目、新建 100km 以上的高速公路及铁路项目、大型海上机场项目等应开展全生命周期生态监测；新建 50～100km 的高速公路及铁路项目、新建码头项目、高等级航道项目、围填海项目以及占用或穿（跨）越生态敏感区的其他项目应开展长期跟踪生态监测（施工期并延续至正式投运后 5～10 年）；其他项目可根据情况开展常规生态监测。

40. C 【解析】优先采取避让方案，源头防止生态破坏。

二、不定项选择题

41. AD 【解析】第 i 类车等效声级的预测模式：

$$L_{eq}(\mathrm{h})_i = (\overline{L_{0E}})_i + 10\lg\left(\frac{N_i}{V_i T}\right) + 10\lg\left(\frac{7.5}{r}\right) + 10\lg\left(\frac{\Psi_1+\Psi_2}{\pi}\right) + \Delta L - 16。$$

式中：$L_{eq}(h)_i$——第 i 类车的小时等效声级，dB（A）；$(\overline{L_{0E}})_i$——第 i 类车速度为 V_i（km/h），水平距离为 7.5m 处的能量平均 A 声级，dB（A）；N_i——昼间、夜间通过某个预测点的第 i 类车平均小时车流量，辆/h；r——从车道中心线到预测点的距离，m；V_i——第 i 类车的平均车速，km/h；T——计算等效声级的时间，1h；Ψ_1，Ψ_2，——预测点到有限长路段两端的张角，弧度；ΔL——由其他因素引起的修正量，dB（A），包括了线路因素、传播衰减、反射等引起的修正量。选项 B、C 错误，公式中虽然提到了昼间、夜间通过某个预测点的第 i 类车平均小时车流量和计算等效声级的时间，但二者是用于计算等效声级的，并非为了确定某类车辆能量平均 A 声级的（在确定某类车辆能量平均 A 声级时，主要依据的是车辆本身的特性和测量条件，并不直接依赖于车流量和计算等效声级的时间）。

42. ABCD 【解析】工业企业声环境保护目标调查表如下。

序号	声环境保护目标名称	空间相对位置/m			距厂界最近距离/m	方位	执行标准/功能区类别	声环境保护目标情况说明（介绍声环境保护目标建筑结构、朝向、楼层、周围环境情况）
		X	Y	Z				
		−66	99	2				

43. BCD 【解析】点声源组可以用处在组的中部的等效点声源来描述，特别是声源具有：①有大致相同的强度和离地面高度；②到预测点有相同的传播条件；③从单一等效点声源到预测点间的距离 d 应大于声源的最大尺寸 H_{max} 2 倍（$d>2H_{max}$）。

44. ACD 【解析】列车通过的等效时间 $t_{eq,i}$ 按下式计算：$t_{eq,i}=\frac{l}{v}\left(1+0.8\frac{d}{l}\right)$。式中，

$t_{eq,i}$——第 i 类列车通过的等效时间，s；l——列车长度，m；v——列车运行速度，m/s；d——预测点（敏感点）到线路中心线的水平距离，m。

45. BC 【解析】公路、城市道路噪声防治措施：①通过不同选线方案的声环境影响预测结果，分析敏感目标受影响的程度，提出优化的选线方案建议。②根据工程与环境特征，给出局部线路和站场调整，敏感目标搬迁或功能置换，轨道、列车、路基（桥梁）、轨道的优选，列车运行方式、运行速度、鸣笛方式的调整，设置声屏障和对噪声敏感建筑物进行噪声防护等具体的措施方案及其降噪效果，并进行经济、技术可行性论证。③根据噪声影响特点和环境特点，提出城镇规划区路段线路与敏感建筑物之间的规划调整建议。④给出车辆行驶规定（限速、禁鸣等）及噪声监测计划等对策建议。选项 A 错误，减速带会造成路面起伏，车经过减速带会产生噪声，起到反效果。选项 D 错误，高架车流量大，车速快，对高层建筑的噪声影响更大。

46. BC 【解析】根据《环境影响评价技术导则 民用机场建设项目》（HJ 87—2023），工程分析时段应包含整个项目建设和运营周期，内容应涵盖所有污染源及生态影响因素。

47. AB 【解析】抽水试验：目的是确定含水层的导水系数、渗透系数、给水度等水文地质参数，也可以通过抽水试验查明某些其他手段难以查明的水文地质条件，如地表水与地下水之间及含水层之间的水力联系，以及边界性质和强径流带位置等。注水试验：目的与抽水试验相同。

48. C 【解析】选项 A 错误，不得直接填埋医疗废物和与衬层不相容的废物。选项 B 错误，空分分子筛用于空气制备氧气，废物属于一般工业固废。选项 D 错误，填埋场产生的渗滤液（调节池废水）等污水必须经过处理，并符合《危险废物填埋污染控制标准》（GB 18598—2019）规定的污染物排放控制要求后方可排放，禁止渗滤液回灌。

49. BC 【解析】环境空气保护目标调查表应包含的内容有主要保护对象的名称、坐标、保护内容、环境功能区、相对厂址方位、相对距离。

50. AC 【解析】评价等级判定：$P_{max} \geqslant 10\%$ 为一级评价；$1\% \leqslant P_{max} < 10\%$ 为二级评价；$P_{max} < 1\%$ 为三级评价。评价范围确定：一级评价项目根据建设项目排放污染物的最远影响距离（$D_{10\%}$）确定。当 $D_{10\%}$ 超过 25km 时，确定评价范围为边长 50km 的矩形区域；$D_{10\%}$ 小于 2.5km 时，评价范围边长取 5km。二级评价项目大气环境影响评价范围边长取 5km。三级评价项目不需设置大气环境影响评价范围。

51. AB 【解析】选项 C、D 错误，催化燃烧要求废气预处理后颗粒物浓度低于 50mg/m^3（需预处理去除颗粒物）。

52. CD 【解析】只能用 CALPUFF 模型进行预测的条件：①当项目评价基准年内存在风速≤0.5m/s 的持续时间超过 72h 或近 20 年统计的全年静风（风速≤0.2m/s）频率超过 35%时，应采用 CALPUFF 模型进行进一步模拟。②当建设项目处于大型水体（海或湖）岸边 3km 范围内时，应首先采用估算模型判定是否会发生熏烟现象。如果存在岸边熏烟，并且估算的最大 1h 平均质量浓度超过环境质量标准，应采用

CALPUFF 模型进行进一步模拟。

53. BCD 【解析】声压、声功率、声压级、声功率级等是量度声波强度的物理量。描述声波能量的物理量是声功率级。环境噪声的度量，不仅与噪声的物理量有关，还与人对声音的主观听觉有关。由于 A 声级能较好地反映出人们对噪声吵闹的主观感觉，因此，它几乎成为一切噪声评价的基本量。倍频带声压级与 A 声级通过公式可以换算，两者有关。A 声级一般用来评价噪声源，可用于评价稳态噪声。

54. BCD 【解析】隔声设施应充分密闭，避免缝隙孔洞造成的漏声（特别是低频漏声）；其内壁应采用足够量的吸声处理。对于各类机器设备的隔声罩、隔声室、集控室、值班室、隔声屏障等，可在内壁安装吸声材料提高其降噪效果。内壁光滑不利于吸声。

55. BCD 【解析】消声器设计或选用应满足的要求包括：①应根据噪声源的特点，在所需要消声的频率范围内有足够大的消声量；②消声器的附加阻力损失必须控制在设备运行的允许范围内；③良好的消声器结构应设计科学、小型高效、造型美观、坚固耐用、维护方便、使用寿命长；④对于降噪要求较高的管道系统，应通过合理控制管道和消声器截面尺寸及介质流速，使流体再生噪声得到合理控制。

56. D 【解析】硫化氢：县城监测点在评价范围外，无需监测，选项 A 错误。基本污染物：基本污染物一般都不做补充监测，大气的混合是比较均匀的，选项 B、C 错误。自然保护区虽然也在评价范围之外，但是其距离评价范围比较近。厂址附近有特别重要的敏感目标时，评价范围可以适当外延，需要进行补充监测，选项 D 正确。

57. BD 【解析】选项 B 超标，$NO_2$24 小时平均浓度有 10 个超标，则 $NO_2$24h 平均第 98 百分位数超标，即 NO_2在评价时段为年评价时为超标因子。选项 D 超标，O_3日最大 8h 滑动平均值的第 90 百分位数，其浓度限值一级为 $100\mu g/m^3$，二级为 $160\mu g/m^3$。

58. CD 【解析】估算模型 AERSCREEN 所需最高和最低环境温度，一般需选取评价区域近 20 年以上资料统计结果。

59. BCD 【解析】采用进一步预测模型模拟评价基准年内，本项目所有污染源（改建、扩建项目应包括全厂现有污染源）对厂界外主要污染物的短期贡献浓度分布。2×50t 转炉关停，对厂界外无贡献浓度。

60. ABD 【解析】二噁英主要来源于氯，对入炉垃圾进行分类，能够控制入炉物料含氯量，减少二噁英产生量。采用控制“3T1E”的方法可以抑制二噁英的产生，“3T1E”是指：①温度，维持焚烧炉内的温度在 800℃以上；②时间，保证烟气的高温停留时间在 2s 以上；③涡流；④过剩空气。提高烟气出口速度，只会影响落地浓度，不能从根本降低二噁英的形成，选项 C 错误。

61. CD 【解析】环境风险防控措施平面布置图上应标出污染源的准确位置，以便为其他专题评价提供可靠的污染源资料。

62. AB 【解析】渗滤液穿透衬层所需时间，通常是用于评价填埋场衬层工程屏障性能的重要指标，一般要求应大于 30 年。地下水运移速度＝15×100/（30×365×24×

60×60）＝1.585×10^{-6}（cm/s），当污染物运移速度小于地下水运移速度时，包气带对污染物迁移起阻滞作用。

63. BD 【解析】地下水修复及风险管控技术包括抽出处理技术、微生物修复技术、植物修复技术、地下水曝气技术、化学氧化技术、化学还原技术、可渗透反应墙技术、双/多相抽提技术、热处理技术、电动修复技术、监测自然衰减技术、阻隔技术、制度控制。

64. ABCD 【解析】地下水污染应急防控措施包括污染源控制、地下水污染水力控制水污染修复措施。通过选项 D 能够跟踪监测特征水质因子的变化情况，防止污染扩散。

65. ABD 【解析】含氰废水不属于第一类污染物，不属于必须车间排放口达标的，但必须进行预处理，因为氰也是有毒的物质。含铬废水属于第一类污染物，要求单独收集处理，必须在车间或车间预处理设施排放口处理达标。废水中的铬离子可在碱性条件下生成沉淀去除。

66. ACD 【解析】DO 的标准指数大于 1，说明超标，减少溶解氧的消耗，能够保证溶解氧达标，只要削减河中耗氧性污染物即可，总磷、氨氮、COD 三个污染物在水中衰减，均需消耗溶解氧。其中优先削减的污染物为总磷。

67. ABD 【解析】纳滤适用于分离二价及高价盐等。蒸发结晶：加热蒸发溶剂，使溶液由不饱和变为饱和，继续蒸发，过剩的溶质就会呈晶体析出，可以用于废水的脱盐处理。超滤适用于除去胶体和大分子物质。RO 膜技术及反渗透适用于去除水中全部溶质，宜用于脱盐及去除微量残留有机物。

68. ABCD 【解析】水体中污染物的迁移和转化包括物理输移过程、化学转化过程和生物降解过程。含酚废水在随河水向下游流动的过程中不断地得到混合稀释。浓度随流程的变化，在排放口的浓度最高，随着河水向下游流动，浓度逐渐降低。完全混合后，在河流纵向即水流方向主要通过沉淀、挥发、降解等过程导致浓度降低。

69. ABC 【解析】工程分析重点的主要内容包括：①可能产生重大生态影响的工程行为；②与特殊生态敏感区和重要生态敏感区有关的工程行为；③可能产生间接、累积生态影响的工程行为；④可能造成重大资源占用和配置的工程行为。

70. ABC 【解析】遥感影像经过计算机分类后，往往需要进行一系列的处理才能够使用，一般的后处理过程包括光滑或过滤、几何校正、矢量化及人机交互解译几部分。

71. ABD 【解析】在样方调查（主要是进行物种调查、覆盖度调查等）的基础上，植被中物种的重要值＝相对密度＋相对优势度＋相对频度。

72. D 【解析】常用的景观指数有斑块类型面积、斑块所占景观面积比例、最大斑块指数、香农多样性指数、蔓延度指数、散布与并列指数、聚集度指数。

73. ABC 【解析】焚烧烟气净化装置至少应具备除尘、脱硫、脱硝、脱酸、去除二噁英类及重金属类污染物的功能。烟气急冷，使烟气温度在 1s 内迅速降至 200℃以下，以减少二噁英的再形成。经急冷降温后的烟气进入干式脱酸系统进行脱酸处理，在布袋除尘器入口烟道上喷入消石灰和活性炭，吸附烟气中的酸性气体、重金属、二噁英等有害物质。

74. ACD 【解析】在观测样地内随机或均匀设置一定数量的样方，样方应尽可能涵盖不同的生境类型和环境梯度。样方一般设置为（正）方形，大小可设置成 5m×5m 或 10m×10m。每个样方应间隔 100m 以上。每个观测样地的样方数应在 7 个以上。

75. ACD 【解析】产漂流性卵鱼类早期资源调查方法、渔获物调查方法、声呐水声学调查方法和标记重捕方法可用于大型湖泊、河流鱼类观测。鱼类自主采样方法、产沉黏性卵鱼类早期资源调查方法可用于小型浅水湖泊、小型河流、溶洞和高山溪流鱼类观测。

76. ABD 【解析】烧结机球团焙烧设备的污染物项目包括颗粒物、二氧化硫、氮氧化物（以 NO_2 计）、氟化物（以 F 计）、二噁英类（$\mu gTEQ/m^3$）。

77. AB 【解析】图形叠置法包括指标法和 3S 叠图法。选项 D 属于指数法与综合指数法。指数法与综合指数法、类比分析法（选项 C）与图形叠置法是并列关系。

78. ABD 【解析】生态系统评价方法包括植被覆盖度、生物量、生产力、生物完整性指数、生态系统功能评价。选项 C 错误，生物多样性评价方法与生态系统评价方法是并列关系。

79. ABC 【解析】项目建设运行噪声、灯光等对动物造成不利影响的，应提出优化工程施工方案、设计方案或降噪遮光等防护措施。选项 D 错误，其不涉及噪声、灯光对鸟类影响。

80. ABCD 【解析】根据《环境影响评价技术导则　生态环境》（HJ 19—2011），生态监测计划应明确监测因子、方法、频次、点位等。

准考证号：

考生姓名：

工作单位：

2024 年全国环境影响评价工程师职业资格考试

环境影响评价技术方法

考生注意事项

1. 答题前，考生须在试题册指定位置上填写工作单位、考生姓名和准考证号；在答题卡指定位置上填写考生姓名和准考证号，并涂写准考证号信息点。
2. 选择题的答案必须涂写在答题卡相应题号的选项上，非选择题的答案必须书写在答题卡指定位置的边框区域内。超出答题区域书写的答案无效；在草稿纸、试题册上答题无效。
3. 填（书）写部分必须使用黑色字迹签字笔或者钢笔书写，字迹工整、笔迹清楚；涂写部分必须使用 2B 铅笔填涂。
4. 考试结束，将答题卡和试题册按规定交回。

一、单项选择题（共 40 题，每题 1 分。每题的备选项中，只有 1 个最符合题意）

1. 已知第 i 类车等效声级预测模型如下，当车流量大于 300 辆/小时，则从车道中心线到预测点的距离 r 可以利用此公式预测的是（　　）。

$$L_{eq}(h)_i=(\overline{L_{0E}})_i+10\lg\left(\frac{N_i}{V_iT}\right)+\Delta L_{距离}+10\lg\left(\frac{\Psi_1+\Psi_2}{\pi}\right)+\Delta L-16$$

A. 3m　　B. 5m

C. 7.5m　　D. 15m

2. 某洗衣粉项目二期工程现拟开工建设，工程包含的主要噪声源为干燥塔噪声，该干燥塔与一期已竣工验收并稳定运行的干燥塔参数一致，则该干燥塔噪声源强计算数据可通过（　　）获取。

A. 干燥塔尺寸　　B. 参考一期测量结果

C. 干燥塔进出压力差　　D. 干燥塔流速

3. 某风机尺寸为 10m×10m，风机外侧 1 000Hz 处测得的声压级为 85dB（A），则风机中心点处 1 000Hz 的声功率级为（　　）dB（A）。

A. 65　　B. 85

C. 95　　D. 105

4. 在工业企业声环境影响评价中，采用隔振措施降低设备噪声影响的方案降低的噪声类型是（　　）。

A. 机械噪声　　B. 空气动力噪声

C. 传递噪声　　D. 结构噪声

5. 下列隔声屏障的评价量中，表示实际降噪效果的评价量是（　　）。

A. 传声损失　　B. 平均吸声量

C. 插入损失　　D. 计权隔声量

6. 如下图所示，某声源（S 点）与预测点（P 点）之间有一声屏障（线段 OA），则下列选项中，声程差的正确表示为（　　）。

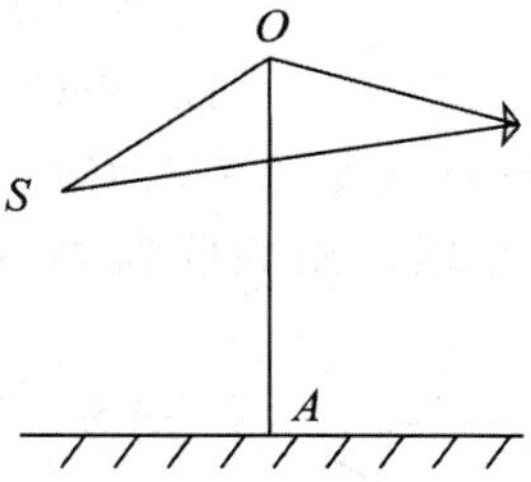

A. $OS+SP-OP$　　B. $OP+SP-OS$

C. $SO+OP-OA$　　D. $SO+OP-SP$

7. 某建设项目燃烧工艺过程产生的废气污染物包括二噁英，下列选项中，最有可能是该建设项目使用的物料是（　　）。

A. 苯胺

B. 1，4-二氯苯

C. 丙烯酸

D. 二甲基二硫醚

8. 某企业水平衡分析图如下图所示，下列选项中不计入水耗的是（　　）。

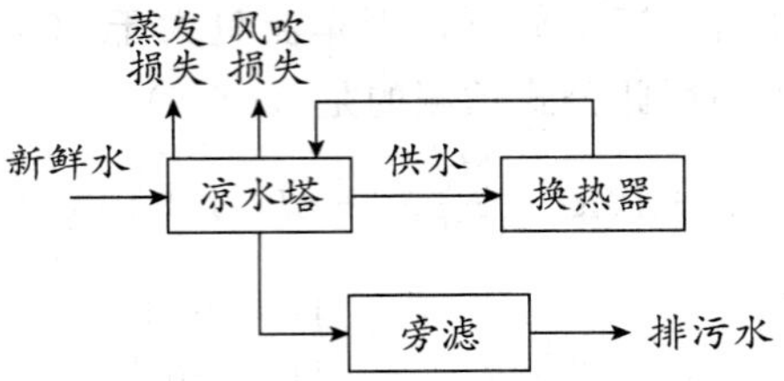

A. 蒸发损失　　B. 风吹损失

C. 供水　　D. 排污水

9. 用空气（含氧量 20%）氧化法氧化烟气脱硫废液中的亚硫酸钙，氧气利用率为 25%，通入风量为 1 000m^3/h，则氧化尾气流量为（　　）m^3/h。

A. 1 000　　B. 950

C. 800　　D. 750

10. 下列气态污染物中，可以通过水喷淋洗涤工艺高效去除的是（　　）。

A. 甲醇　　B. 苯

C. 甲苯　　D. 二噁英

11. 适用于含 6%正丁醇（在水中溶解度 7.7g/100g 水，沸点 117.5℃）废水的正丁醇回收处理技术是（　　）。

A. 好氧生物处理　　B. 蒸汽汽提

C. 厌氧生物处理　　D. 重力沉降

12. 处理吸附挥发性有机废气已达饱和的废活性炭，可选择的暂存设施是（　　）。

A. 带顶的敞棚　　B. 敞口水泥槽

C. 编织袋　　D. 密封塑料桶

13. 钠碱法烟气脱硫中 SO_2 吸收治理过程，吸收液中含有下列化合物，其中对 SO_2 有吸收能力的化合物是（　　）。

A. Na_2CO_3　　B. $NaHSO_4$

C. $NaHSO_3$　　D. NaCl

14. 采用转轮吸附+RTO 工艺处理有机废气（VOC 废气 1、VOC 废气 2），工艺流程简图如下图所示。下列污染物治理设施验收监测的采样点位组合选取中，正确的是（　　）。

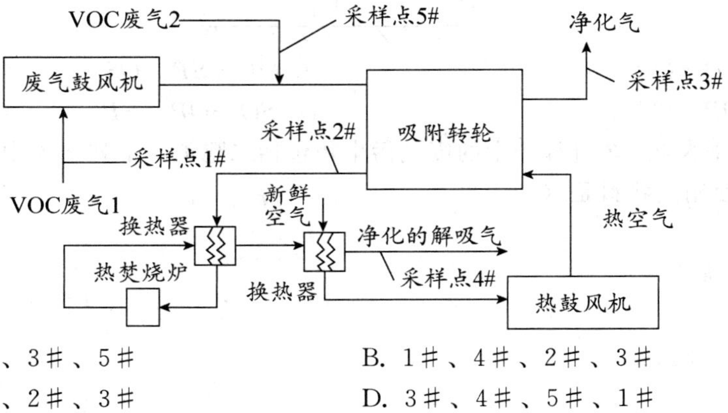

A. 2＃、4＃、3＃、5＃　　B. 1＃、4＃、2＃、3＃

C. 1＃、5＃、2＃、3＃　　D. 3＃、4＃、5＃、1＃

15. 某煤矿开采项目位于荒漠和草地过渡区域，井田面积为 41.64km^2，设 4 个井筒，掘进矸石直接充填废弃巷道，井场新建自备锅炉供热。该项目运行期造成的生态影响可能是（　　）。

A. 地表沉陷对地表植被的影响

B. 井筒开挖弃土对草地的影响

C. 供热管道焊接烟尘对大气的影响

D. 煤层结构对掘进巷道方向的影响

16. 某项目拟新建以甲醇为原料的甲醛装置，以及配套的罐区、空压站、火炬等公用工程及辅助设施，在工程分析过程中可以反映产污环节的图件是（　　）。

A. 生产工艺流程图

B. 工程设计平面图

C. 项目可研报告附图

D. 设备竖向布置图

17. 某二氧化碳捕集项目，吸收工艺采用高效复配醇胺作为吸收剂，捕集乙烯裂解炉和燃气动力锅炉烟气中的 CO_2，烟气排放量为 1 010 000Nm^3/h，温度为 45℃。在忽略对氮氧化物的治理效率时，水洗尾气氮氧化物浓度应为（　　）mg/m^3。

锅炉	废气排放量（Nm^3/h）	二氧化碳排放浓度（%）	氮氧化物排放浓度（mg/m^3）
裂解炉	930 000	8.22	50
燃气动力锅炉	270 000	7.54	80

A. 50　　B. 65

C. 67　　D. 80

18. 某项目拟建废气废液焚烧处置系统，由 1 台 4t/h 废气废液焚烧炉和余热回收烟气净化等单元组成，烟气经 55m 高排气筒排放。则设置烟气污染物浓度在线监测采样的位置是（　　）。

A. 净化单元　　B. 余热回收单元

C. 排气筒　　D. 焚烧炉炉膛

19. 某 2×660MV 燃煤电站项目，配套建设污水处理站，4 台 100m^3 柴油储罐供开工点火使用。下列情形属于环境风险事故的是（　　）。

A. 污水处理站检修人员硫化氢中毒

B. 柴油火灾次生一氧化碳排放

C. 电站锅炉爆炸事故

D. 蒸汽管道灼伤事故

20. 某新建项目所在区域为达标区，大气评价等级为一级，预测因子为 SO_2、NO_2、PM_{10} 和 $PM_{2.5}$，评价范围内有 m 站、n 站 2 个环境空气质量长期监测站点。确定该项目环境空气保护目标及网格点环境质量现状浓度的方法是（　　）。

A. 取各污染物相同时刻 m 站、n 站的监测浓度平均值

B. 取各污染物相同时刻 m 站、n 站的监测浓度较大值

C. 先取相同时刻 m 站、n 站的平均值，再取各监测时间平均值中的最大值

D. 先取相同时刻 m 站、n 站的较大值，再取各监测时间较大值的平均值

21. 某新设煤化工产业园区开展规划环评，经核算，SO_2 和 NO_x 的总排放量为 2 600t/a，预测二次污染物 $PM_{2.5}$ 应选择的模型为（　　）。

A. ADMS　　B. AERMOD

C. CALPUFF　　D. 网格模型

22. 某污染类建设项目需编制环境影响报告表并开展大气专项评价。进行大气环境影响评价等级估算时，必须收集的资料是（　　）。

A. 区域湿度条件　　B. 90m 分辨率地形数据

C. 评价基准年最高和最低环境温度　　D. 周边 1km 范围内建筑物平均高度

23. 对某生活垃圾填埋场项目大气环境影响评价进行现状补充监测，该地常年风向为 E—ESE—SE，该建设项目附近两个村庄的相关情况见下表，则补充监测的布点季节及位置为（　　）。

项目	与建设项目的方位关系	与建设项目的距离
村庄 1	项目 SE 方向	1.5km
村庄 2	项目 WNW 方向	1.9km

A. 冬季，在主导风向下风向的村庄 1 附近

B. 夏季，在主导风向下风向的村庄 1 附近

C. 冬季，在主导风向下风向的村庄 2 附近

D. 夏季，在主导风向下风向的村庄 2 附近

24. 对宽浅河流，进行地表水环境影响预测时，可采用（　　）。

A. 零维模型　　B. 平面二维模型

C. 纵向一维模型　　D. 立面二维模型

25. 某小型浅水湖泊实测 pH 值为 8，标准限值为 6～9，该湖泊 pH 标准指数是（　　）。

A. 0.5　　B. 1.0

C. 1.5　　D. 2.0

26. 某项目尾水排放入河，排放量为 0.05m^3/s，COD 浓度为 40mg/L，河段水流量为 0.15m^3/s，COD 浓度为 20mg/L。尾水与河水完全混合后，河流 COD 浓度为（　　）mg/L。

A. 15　　B. 20　　C. 25　　D. 30

27. 某城镇生活污水处理厂建设项目，进水 BOD 浓度 180mg/L、COD 浓度 400mg/L、NH_3-N 浓度 20mg/L、TP 浓度 15mg/L，要求出水执行《城镇污水处理厂污染物排放标准》（GB 18918—2002）中的一级 A 标准，其中 NH_3-N 和 TP 指标需满足《地表水环境质量标准》（GB 3838—2002）中Ⅳ类水的水质要求，适用的处理工艺是（　　）。

A. 传统活性污泥法　　B. 氧化沟

C. 厌氧/好氧法　　D. 厌氧/缺氧/好氧法＋絮凝沉淀法

28. 某地下水水流数值模拟区以导水性强的断层为边界，模拟区边界内含水层导水性较强，边界外含水层导水性较弱。关于该断层边界条件概化，说法正确的是（　　）。

A. 流量边界　　B. 隔水边界

C. 定水头边界　　　　　　　　　　　D. 补给边界

29. 地下水采样，采样井井筒水量为 $1m^3$，至少需要抽汲（　　）m^3 的水洗井。

A. 2　　　　　　　　　　　　　　　B. 3

C. 4　　　　　　　　　　　　　　　D. 5

30. 在某建设项目下游 2 000m 距离的 x 点监测污染物的迁移，地下水水力坡度为 1%，渗透系数为 100，有效孔隙度为 0.25，污染物迁移到 x 的时间为（　　）天。

A. 800　　　　　　　　　　　　　　B. 250

C. 500　　　　　　　　　　　　　　D. 1 000

31. 为确定某项目地下水环境影响调查评价范围，根据公式计算出潜水下游迁移距离为 *L*。下列图示中，对评价范围描述正确的是（　　）。

A

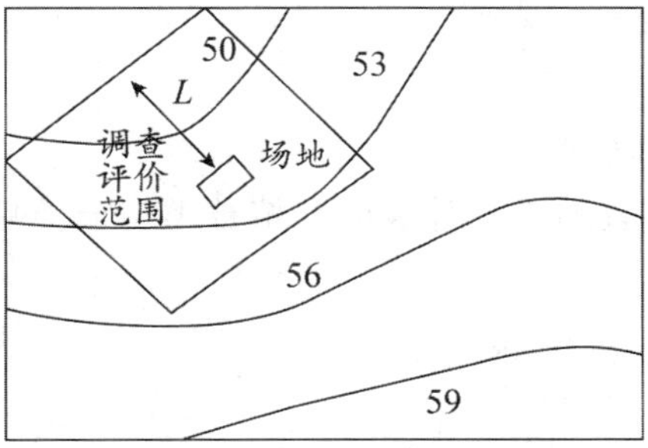

B

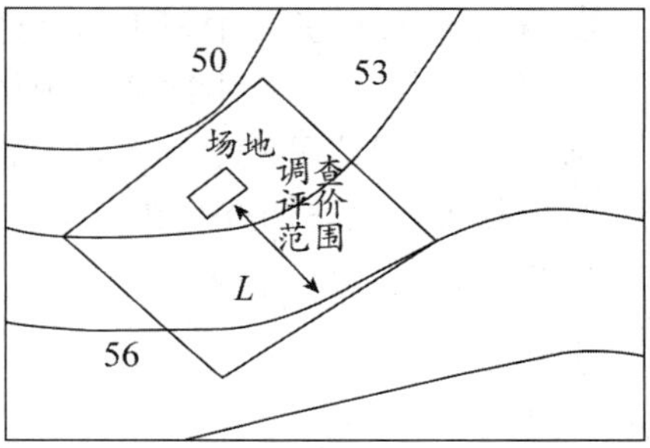

C

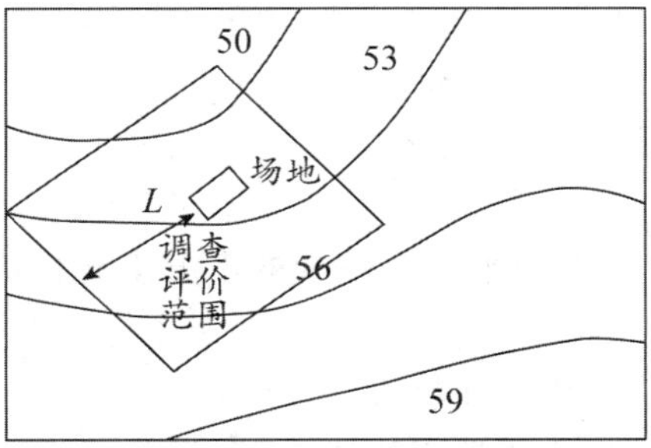

D

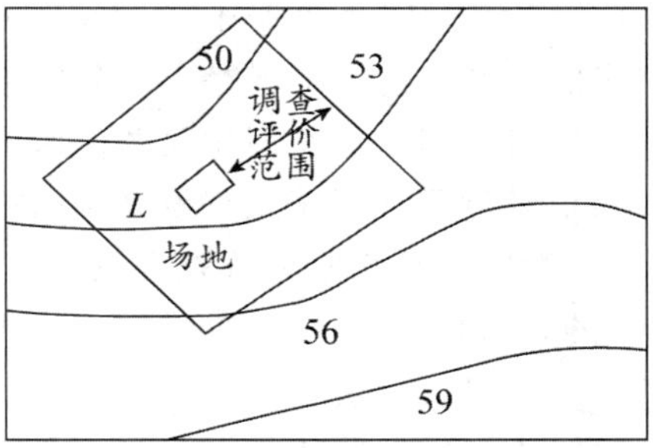

32. 某项目进行土壤环境影响预测，土壤 pH 现状值为 6.5，单位质量表层土壤中游离酸浓度增量为 5mmol/kg，缓冲容量为 2mmol/（kg·pH），则土壤 pH 预测值为（　　）。

A. 1.5　　　　　　　　　　　　　　B. 4.5

C. 4　　　　　　　　　　　　　　　D. 9

33. 某建设项目土壤环境影响评价等级为一级，评价范围内农用地水田土壤现状监测 cd 浓度为 0.20mg/kg，该土壤 cd 污染接近风险筛选值 0.6mg/kg，cd 的增加量最有可能是（　　）mg/kg。

A. 0.20　　　　　　　　　　　　　B. 0.35

C. 0.60　　　　　　　　　　　　　D. 0.75

34. 某水库项目库区占地涉及猕猴生境，下列属于因项目建设产生的长期生态影响的是（　　）。

A. 水库淹没缩减猕猴生境　　　　　B. 施工噪声惊扰猕猴栖息

C. 临时弃渣场影响植被覆盖度　　　D. 施工粉尘影响周边植物光合作用

35. 对评价范围内生物多样性进行影响预测时，可选为评价因子的是（　　）。

A. 生境面积　　B. 植被覆盖度

C. 物种均匀度　　D. 物种生物习性

36. 拟对面积为 $15km^2$ 的某已建水库进行环境影响后评价，在开展浮游生物采样调查时，采样点数量至少为（　　）个。

A. 3　　B. 4

C. 5　　D. 6

37. 某项目进行生态调查，下列关于重要野生植物物种调查结果统计表格填写内容的说法，正确的是（　　）。

A. 国家重点保护植物的保护级别根据《中国植物志》确定

B. 濒危等级根据《中国生物多样性红色名录》确定

C. 资料来源不包括本次环评现场调查

D. 工程占用情况栏中，应填写物种生物量信息

38. 某项目进行生态调查，在填写植物群落调查结果统计表时，植被类型分类单位至少应统计到（　　）。

A. 植被亚型　　B. 植被型

C. 群系　　D. 群丛

39. 下列关于生态影响评价制图与成图精度要求的说法，正确的是（　　）。

A. 比例尺不能低于 1∶1 000

B. 涉及生态敏感区时，应分幅单独成图

C. 可采用任何类型相关图件作为工作底图

D. 精度可略低于工程设计制图精度

40. 下列野生动物野外调查方法中，最适用于调查静水生境较少的南方森林树栖型蛙类的方法是（　　）。

A. 卫星遥测法　　B. 粪便计数法

C. 人工庇护所法　　D. 人工覆盖物法

二、不定项选择题（每题 2 分，共 80 分。每题的备选项中，至少有 1 个符合题意。多选、错选、少选均不得分）

41. 机场周围环境噪声影响评价中，距跑道端 2.8km 的航迹下方有噪声敏感点。下列可以有效降低飞机噪声对该敏感点影响的措施有（　　）。

A. 机场边界设置隔声屏障

B. 采用低噪声飞行程序

C. 敏感建筑物安装隔声窗

D. 敏感建筑物功能变更

42. 时速为 200～350km/h 的铁路噪声预测模型中，预测列车通过时的噪声贡献值，应考虑的主要噪声源有（　　）。

A. 集电系统声源　　B. 车间区域声源

C. 轮轨区域声源　　D. 环境背景噪声源

43. 厂房内边界处声压级计算公式为：$L=L_W+10\lg\left(\frac{Q}{4\pi r^2}+\frac{4}{R}\right)$，则下列与厂房内边界

处声压级相关的因素有（　　）。

A. 噪声源位置

B. 噪声源至室内边界处距离

C. 厂房内表面积

D. 厂房内表面平均吸声系数

44. 某工业厂房设置增压机和冷却塔，下列降噪措施可行的有（　　）。

A. 调整噪声源布局远离噪声敏感点

B. 调整厂房选址，加大与噪声敏感点距离

C. 增压机加建隔声间

D. 冷却塔加装消声装置

45. 下列关于隔声罩的设置要求，正确的有（　　）。

A. 隔声罩应密闭缝隙孔洞

B. 隔声罩外壁材料隔声量应足够大

C. 隔声罩材料内壁应采用光滑钢板

D. 隔声罩内壁吸声量应足够大

46. 锅炉蒸汽通过管道紧急放空，拟采用扩张式节流消声器降低噪声影响，消声器选用应满足的要求有（　　）。

A. 消声量大

B. 附加阻力损失小

C. 气流再生噪声小

D. 尺寸与管道相同

47. 采用序批式反应釜，苯氯化生产1，4-二氯苯，生产工艺过程为：釜清洗→釜内氮气置换→苯进料→氯化反应→反应产物出料，氯化反应未反应的氯气通过管道送入吸收塔净化，下列排放含苯废气的工序有（　　）。

A. 釜内氮气置换　　B. 苯进料

C. 氯化反应　　D. 反应产物出料

48. 在设备运行过程中，产生含氮氧化物废气的设备有（　　）。

A. 汽油储罐　　B. 以天然气为燃料的锅炉

C. 开式循环水凉水塔　　D. 固废焚烧炉

49. 对某含硫馏分油石化项目进行硫平衡核算，需要考虑的因素有（　　）。

A. 原料油含硫量　　B. 氢化循环含硫量

C. 酸性水含硫量　　D. 液体产品含硫量

50. 工业生产中需要消耗能源，计算单位产品综合能耗时需要考虑的因素有（　　）。

A. 燃料消耗量　　B. 电力消耗量

C. 蒸汽消耗量　　D. 原料煤使用量

51. 某种催化剂生产焙烧尾气排出温度为350℃、NO_x浓度500mg/m^3、粉尘浓度300mg/m^3。下列组合废气处理技术中，可使该废气NO_x浓度小于50mg/m^3的有（　　）。

A. 钢制烧结过滤器除尘＋选择性催化还原SCR

B. 多级活性炭吸附

C. 布袋除尘＋水吸收

D. 旋风除尘＋布袋除尘＋NaOH 液吸收

52. 下列废水处理技术中，属于好氧生物处理的有（　　）。

A. 接触氧化　　B. 表面曝气氧化沟

C. 芬顿氧化　　D. 空气气提

53. 下列选项中属于危险废物的有（　　）。

A. 定向钻施工产生的废弃泥浆

B. 压缩机废机油

C. 含油废水管道的油泥

D. 石油储罐的油泥

54. 某码头施工期为减缓生态环境影响，可采取的措施有（　　）。

A. 3＃雨水排放口施工不占用红树林

B. 编制施工期海域生态监测计划

C. 严禁施工船舶倾倒垃圾

D. 施工避开主要经济鱼虾的产卵季节

55. 某煤制气项目以煤为原料生产甲烷外输，主要生产单元包括储煤、备煤、气化、甲烷化等。在重污染天气预警情况下，该项目可采取的有效减排控制措施有（　　）。

A. 增加污水处理厂生化处理单元的曝气量

B. 减少煤炭卸车量

C. 制定并备案突发环境事件应急预案

D. 采取适当的压产、减产措施

56. 利用蓄热式氧化炉处理 EO/EG、MG 等挥发性有机物，下列说法中正确的有（　　）。

A. 不同污染物处理效率相同

B. 不同污染物处理效率有差异

C. 可以完全去除有机污染物

D. 不存在催化剂中毒问题

57. 发生环境风险时，可考虑将事故废水排放至（　　）。

A. 末端事故池　　B. 污水处理调节池

C. 初期雨水收集池　　D. 污水管网

58. 高新产业区开发规划进行环境影响评价，采用叠图法进行规划分析，需要的基础图件有（　　）。

A. 永久基本农田分布图

B. 规划范围矢量图

C. 规划布局图

D. 行政区域交通图

59. 大气环境影响评价时，风景名胜区调查内容包括（　　）。

A. 风景名胜区中心坐标

B. 风景名胜区边界距厂界最近点坐标

C. 风景名胜区距厂界最近点距离

D. 风景名胜区边界距厂址中心距离

60. 某拟建项目大气评价等级为一级，SO_2、NO_x、H_2S 的年排放量分别为 220t、380t、

0.3t，需要进行预测分析的基本污染物有（　　）。

A. SO_2　　　　B. NO_x

C. H_2S　　　　D. $PM_{2.5}$

61. 某拟建项目大气评价等级为一级，可选用 CALPUFF 模型开展预测分析的情景有（　　）。

A. 厂址距大型水体约 3km，主要污染物最大 1h 平均质量浓度占标率为 120%

B. 评价基准年内存在风速≤0.5m/s 最长持续时间为 80h

C. 项目周边最近气象站距厂址超过 80km，且与厂址区存在较大海拔和地形差异

D. 项目产生的主要污染物以烟塔合一方式排放

62. 大气环境影响评价非正常排放的调查内容包括（　　）。

A. 污染源与污染因子

B. 排放原因

C. 排放浓度与排放速率

D. 单次持续时间、年发生频次

63. 下列关于确定地表水预测模型参数的说法，正确的有（　　）。

A. 糙率系数可采用经验公式估算

B. 降解系数可通过实验测定

C. 模型参数可任意给定

D. 扩散系数可通过模型率定法确定

64. 某水污染影响型建设项目，废水排入一宽浅河流。下列关于地表水环境影响预测内容的说法，正确的有（　　）。

A. 应预测下游控制断面等关心断面处，各预测因子的浓度

B. 应预测下游评价范围内水环境保护目标处，各预测因子的浓度

C. 应给出建设项目中各污染物最大影响范围

D. 应给出排放口混合区范围

65. 某改扩建项目，特征因子为 LNAPLs（轻质非水相污染物），地下水环境影响评价现状监测时，某监测井井深 10m，水位埋深 3.0m，下列地下水取样深度正确的有（　　）。

A. 3.5m　　　　B. 4.0m

C. 7.0m　　　　D. 10.0m

66. 某工业园区规划环评进行规划分析，根据下列河流水系图、村庄分布图、项目区位置图，用叠图分析法判断，下列说法正确的有（　　）。

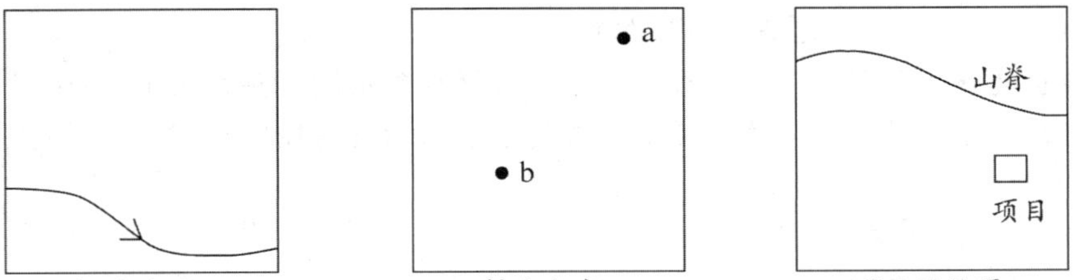

河流水系　　　　村庄分布　　　　项目区位置

A. 村庄 b 在河流的左岸

B. 村庄 b 与项目区在河流同侧而建

C. 项目对村庄 a 潜水水质没有较大影响

D. 项目与村庄 a 隔岸而建

67. 某园区规划环境影响评价，开展地下水环境回顾性评价时，应调查和分析的内容有（　　）。

A. 地下水水质、水位情况及地下水环境影响源分布现状

B. 现有工程项目污染防治措施实施情况

C. 分析地下水水质、水位变化与现有工程实施及污染防治措施之间的关系

D. 提出本次评价应重点关注的地下水环境问题及解决途径

68. 某规划面积 117km^2 的工业园区坐落于山地台地上，规划范围示意图如下图所示。开展规划环评时，地下水调查评价范围应包括（　　）。

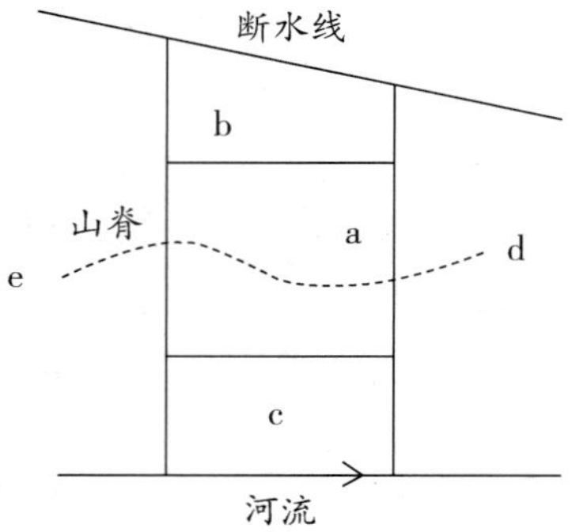

A. a 区　　　　B. b 区

C. c 区　　　　D. d 区

69. 某项目区地下水为山前地块孔隙潜水含水层，地下水埋藏条件简单，河流常年流水，山脊线在项目区范围内比较稳定，地下水评价等级为一级，地下水流模拟模型边界条件的概化中，正确的有（　　）。

A. 河流边界概化为定水位边界

B. 河流边界概化为零通量边界

C. 山脊线边界概化为零通量边界

D. 山脊线边界概化为隔水边界

70. 在同一水力坡度下，下列关于潜水含水层防污性能的说法，正确的有（　　）。

A. 包气带厚度越大，防污性能越强

B. 含水层渗透系数越大，防污性能越弱

C. 含水层厚度越大，防污性能越弱

D. 包气带介质颗粒越细，防污性能越强

71. 某改扩建化工项目回顾性调查中，项目区潜水含水层下游方向 1 000m 处，监测井监测到现有工程特征污染物，需要开展的地下水污染防控措施有（　　）。

A. 项目区打井注水稀释

B. 地下水污染隔离控制

C. 地下水环境跟踪监测

D. “跑、冒、滴、漏”污染控制与治理

72. 生态影响评价因子筛选表应包含的信息有（　　）。

A. 工程内容　　B. 影响性质

C. 影响方式　　D. 影响程度

73. 某水库项目建设导致的生态影响中，属于强影响等级的有（　　）。

A. 大坝建设阻隔了某种洄游鱼类的洄游通道

B. 施工土料场开采破坏了一小片果园

C. 水库蓄水使库区主要浮游植物由硅藻类变为蓝、绿藻类

D. 施工钢筋加工场地平整破坏部分次生灌丛

74. 对某项目开展陆生维管植物野外样方调查，下列工具中必备的有（　　）。

A. 定位设备　　B. 卷尺

C. 浮游生物网　　D. 标本夹

75. 对某项目进行爬行动物野外调查，下列属于爬行动物调查指标的有（　　）。

A. 繁殖习性　　B. 种群数量

C. 种类组成　　D. 迁徙习性

76. 对生态系统进行遥感调查时，解译标志能够直接或间接反映和判别地物信息的影像特征，下列属于解译标志的有（　　）。

A. 形状　　B. 颜色

C. 位置　　D. 水系

77. 应用景观生态学评价法对某项目进行生态现状评价，下列属于景观变化分析方法的有（　　）。

A. 定性描述法

B. 类比分析法

C. 景观生态图叠置法

D. 景观动态的定量化分析法

78. 某成品油管道穿越一个特有鱼类国家级水产种质资源保护区的实验区。穿越段采用定向钻施工，施工期 5 个月。定向钻穿越的隧道顶距离河床冲刷线 10m，穿越出、入土点距离该河道两侧外至少 80m。保护区的特别保护期为每年 3 月 20 日～6 月 30 日，保护区河道水域功能为Ⅲ类水体。为尽量减少工程穿越段对保护区的生态影响，可采取的生态保护措施有（　　）。

A. 禁止施工弃渣排入河道

B. 穿越段施工时间尽量避开保护区的特别保护期

C. 应考虑河道连通措施以减少管道对鱼类的阻隔影响

D. 定向钻施工中产生的泥浆水等施工废污水，应处理后尽量综合利用

79. 某铁路工程受站位设置需求等条件限制，东北—西南走向的线路在 DK117＋100～DK122＋470 段与南北走向分布的省级黑鹿自然保护区的实验区交叉，黑鹿主要活动时段为每天早晨和傍晚。此路段可供选择的生态影响减缓措施有（　　）。

A. 施工时间应尽量避开早晨和傍晚

B. 调整黑鹿自然保护区范围避免交叉

C. 交叉段设计为桥梁穿越方式

D. 交叉段设计为隧洞穿越方式

80. 某海湾原油码头项目拟新建 1 个 30×10 吨级泊位以及总罐容 $90\times10^4 m^3$ 的库区等配套设施，泊位长度为 440m，库区位于码头后方。下列关于本项目运营期海洋生态监测的说法，正确的有（　　）。

A. 采样点位应全部布设于港池水域

B. 监测点位设置以代表性为原则

C. 生态监测项目可包括浮游动植物

D. 生态监测项目可包括底栖生物

参考答案及解析

一、单项选择题

1. D 【解析】第 i 类车等效声级的预测模式如下：$L_{eq}(h)_i=(\overline{L_{0E}})_i+10\lg\left(\frac{N_i}{V_iT}\right)+\Delta L_{距离}+10\lg\left(\frac{\Psi_1+\Psi_2}{\pi}\right)+\Delta L-16$。式中，$L_{eq}(h)_i$——第 i 类车的小时等效声级，dB（A）；$(\overline{L_{OE}})_i$——第 i 类车速度为 V_i，km/h，水平距离为 7.5m 处的能量平均 A 声级，dB（A）；N_i——昼间、夜间通过某个预测点的第 i 类车平均小时车流量，辆/h；r——从车道中心线到预测点的距离，m，此公式适用于 $r>7.5$m 预测点的噪声预测（选项 D 正确）；V_i——第 i 类车的平均车速，km/h；T——计算等效声级的时间，1h；Ψ_1、Ψ_2——预测点到有限长路段两端的张角，弧度；$\Delta L_{距离}$——距离衰减量，dB（A），小时车流量大于等于 300 辆/h：$\Delta L_{距离}=10\lg(7.5/r)$；小时车流量小于 300 辆/h：$\Delta L_{距离}=15\lg(7.5/r)$。
2. B 【解析】噪声源源强核算应按照《污染源源强核算技术指南 准则》（HJ 884—2018）的要求进行，有行业污染源源强核算技术指南的应优先按照指南中规定的方法进行；无行业污染源源强核算技术指南，但行业导则中对源强核算方法有规定的，优先按照行业导则中规定的方法进行。对于拟建项目噪声源源强，当缺少所需数据时，可通过声源类比测量或引用有效资料、研究成果来确定。采用声源类比测量时应给出类比条件，选项 B 正确。噪声源源强计算需获取的参数、数据格式和精度应符合环境影响预测模型输入要求。
3. D 【解析】声压级和声功率级转换公式：$Lw=Lp+10\lg S$。式中，Lw——等效声源的倍频带声功率级；S——包围声源的面积，m^2；Lp——声源声压级。此公式适用于自由声场或半自由声场，声源无指向性的情形。即 $Lw=Lp+10\lg S=85+10\lg(10\times10)=105$ [dB（A）]。
4. D 【解析】当机器设备产生的振动可以引起固体声传导并引发结构噪声时，也应进行隔振降噪处理。
5. C 【解析】声屏障的降噪效果一般用 A 计权等效声级或最大 A 声级的插入损失来评价。
6. D 【解析】噪声从声源出发绕过声屏障顶端到达受声点的路程与没有声屏障时从声源直达受声点的路程之差为声程差。如题图所示，S、O、P 三点在同一平面内且垂直于地面，定义 $\delta=SO+OP-SP$ 为声程差。
7. B 【解析】二噁英产生途径：①含氯物质的焚烧；②在低温状态下，已分解的二噁英会再次合成；③其他容易产生二噁英的途径，如含氯酚的化学产品生产过程中，二噁英作为其副产品生成；用氯气漂白纸浆过程、汽车尾气排放等会产生二噁英。1，4-二氯苯中包含氯原子，选项 B 正确。
8. C 【解析】蒸发损失、风吹损失、排污水均计入水耗。
9. B 【解析】氧化尾气流量＝1 000－1 000×20％×25％＝950（m^3/h）。
10. A 【解析】吸收法净化气态污染物是利用气体混合物中各组分在一定液体中溶解

度的不同而分离气体混合物的方法。主要适用于吸收效率和速率较高的有毒有害气体的净化。吸收法中使用最多的吸收剂是水。甲醇易溶于水；苯难溶于水；甲苯极微溶于水；二噁英极难溶于水。

11. B 【解析】蒸汽汽提，是用蒸汽作为解吸剂来推动污水中挥发性污染物向气相传递，从污水中分离污染物的过程。可用于脱除废水中的溶解性气体及某些挥发性物质。常用于含甲醛、苯胺、挥发酚等其他挥发性有机物的工业废水处理。好氧生物处理、厌氧生物处理可去除但不能回收正丁醇；重力沉降适合去除密度大于水且难溶于水的物质。

12. D 【解析】带顶的敞棚、敞口水泥槽、编织袋无法阻挡挥发性有机废气从废活性炭中挥发到空气中。

13. A 【解析】钠碱法可用 NaOH 或 Na_2CO_3 吸收 SO_2。用 Na_2CO_3 的化学反应方程式：$Na_2CO_3+SO_2=Na_2SO_3$（亚硫酸钠）$+CO_2\uparrow$（pH＞9），$Na_2SO_3+H_2O+SO_2=2NaHSO_3$（亚硫酸氢钠）（5＜pH＜9）。

14. D 【解析】转轮吸附废气后脱附，脱附出的气体经换热器升温，再进入 RTO（蓄热式焚烧炉）焚烧。排放到大气中的，需要设点监测。脱附出的气体进入换热器升温，未外排，所以不需设置 2＃采样点。

15. A 【解析】地表沉陷对地表植被的影响属于该项目运行期造成的生态影响。

16. A 【解析】结合工艺流程，绘制包含产污环节的生产工艺流程图，识别产生废气、废水、噪声、振动、固体废物等的污染源，确定污染源类型和数量，针对每个污染源识别所有规定的污染物及其治理措施。工艺流程应在设计单位或建设单位的可行性研究或设计文件基础上，根据工艺过程的描述及同类项目生产的实际状况进行绘制。

17. C 【解析】水洗尾气氮氧化物浓度＝［（930 000×50）＋（270 000×80）］/1 010 000≈67（mg/m^3）。

18. C 【解析】烟气污染物浓度在线监测主要监测污染物的排放，只有选项 C 属于烟气排放端。

19. B 【解析】环境风险事故情形应包括危险物质泄漏，以及火灾、爆炸等引发的伴生/次生污染物排放情形。选项 A、D 属于职业卫生、劳动安全范畴，不属于环境风险类型；选项 C 不属于环境风险类型。

20. A 【解析】对采用多个长期监测点位数据进行现状评价的，取各污染物相同时刻各监测点位的浓度平均值，作为评价范围内环境空气保护目标及网格点环境质量现状浓度。

21. D 【解析】SO_2 和 NO_x 总年排放量＞2 000t/a，应采用网格模型。

22. A 【解析】估算模型参数包括城市/农村选项，最高、最低环境温度/℃（评价区域近 20 年以上气象资料统计结果），土地利用类型，区域湿度条件，是否考虑地形，是否考虑岸线熏烟。环境影响报告表不需考虑地形。

23. D 【解析】夏季高温，生活垃圾易腐败散发恶臭，所以污染较重的季节为夏季，另外根据方位分析，村庄 2 在该项目常年主导风向的下风向。

24. B 【解析】宽浅河流，因为浅，不需预测垂向，只在横向、纵向进行预测，即平面二维模型。

25. A 【解析】根据 pH 的指数公式：当 $pH_j>7$ 时，$S_{pH,j}=(pH_j-7)/(pH_{su}-$

7)，即 $S_{pH,j}=(pH_j-7)/2$。式中，$S_{pH,j}$——pH 的指数，大于 1 表明该水质因子超标；pH_j——pH 实测统计代表值；pH_{su}——地面水水质评价标准中规定的 pH 上限值 9。由于 pH 值为 8，大于 7，故取限值 9，pH 标准指数＝(8－7)/(9－7)＝0.5。

26. C 【解析】河流 COD 浓度 $C=(C_pQ_p+C_hQ_h)/(Q_q+Q_h)$ ＝(0.05×40＋0.15×20)/(0.05＋0.15)＝25 (mg/L)。式中，c——完全混合的水质浓度，mg/L；Q_p——污水排放量，m^3/s；C_p——污染物排放浓度，mg/L；Q_h——上游来水流量，m^3/s；C_h——上游来水污染物浓度，mg/L。

27. D 【解析】污水处理工艺适用条件不同，仅需脱氮时，宜采用缺氧/好氧法；仅需除磷时，宜采用厌氧/好氧法；当需要同时脱氮除磷时，宜采用厌氧/缺氧/好氧法。含有 NH_3-N 和 TP（总磷）指标的Ⅳ类水，需要同时脱氮除磷，宜采用厌氧/缺氧/好氧法＋絮凝沉淀法。

28. A 【解析】如果断裂带本身是导水的，计算区内为强含水层，区外为弱含水层，则形成流量边界。

29. B 【解析】地下水样品采集前，应先测量井孔地下水水位（或地下水位埋深）并做好记录，然后采用潜水泵或离心泵对采样井（孔）进行全井孔清洗，抽汲的水量不得小于 3 倍的井筒水（量）体积。

30. C 【解析】污染物迁移到 x 的时间（T）＝距离（L）×有效孔隙度（n_e）/［渗透系数（K）×水力坡度（I）］＝2 000×0.25/（100×1%）＝500（天）。

31. A 【解析】垂直于等水位线且等水位值由高到低的方向为地下水流向。向下游迁移的距离是场地的地下水流向方向的距离。

32. C 【解析】酸性物质或碱性物质排放后表层土壤 pH 预测值，可根据表层土壤游离酸或游离碱浓度的增量进行计算：$pH=pH_b\pm\Delta S/BC_{pH}$，式中，$pH_b$——土壤 pH 现状值；$BC_{pH}$——缓冲容量，mmol/（kg · pH）；pH——土壤 pH 预测值；ΔS——表层土壤中游离酸或游离碱浓度增量，mmol/kg。土壤 pH 预测值＝6.5－5/2＝4。

33. A 【解析】该土壤 cd 的增加量＝0.60－0.20＝0.40（mg/kg），最接近的为 0.35mg/kg。

34. A 【解析】水库淹没的影响属于长期影响，施工期影响一般属于短期影响。

35. C 【解析】物种多样性常用的评价指标包括物种丰富度、香农-威纳多样性指数、Pielou 均匀度指数（反映调查区域内各物种个体数目分配均匀程度）、Simpson 优势度指数等。

36. B 【解析】已建水库面积为 $15km^2$＝1 $500hm^2$，根据《淡水浮游生物调查技术规范》(SC/T 9402—2010)，水域面积在 1 000～5 $000hm^2$，采样点的控制数量在 4～6 个。

37. B 【解析】选项 A 错误，保护级别根据国家及地方正式发布的重点保护野生植物名录确定。选项 C 错误，资料来源包括环评现场调查、文献记录、历史调查资料及科考报告等。选项 D 错误，涉及占用的应说明具体工程内容和占用情况（如株数等），不直接占用的应说明与工程的位置关系。

38. C 【解析】陆生生态评价中，根据植物群落类型（宜以群系及以下分类单位为调查单元）设置调查样地，一级评价每种群落类型设置的样方数量不少于 5 个，二级评价不少于 3 个。

39. B 【解析】生态影响评价制图应采用标准地形图作为工作底图，精度不低于工程设计的制图精度，比例尺一般在 1∶50 000 以上。生态影响评价成图应能准确、清晰地反映评价主题内容，满足生态影响判别和生态保护措施的实施。当成图范围过大时，可采用点线面相结合的方式，分幅成图；涉及生态敏感区时，应分幅单独成图。

40. C 【解析】人工庇护所法是指把竹筒（或 PVC 桶）捆绑固定在树上或地上，查看竹筒中两栖动物成体、幼体、蝌蚪和卵。该法适用于树栖型蛙类较多且静水生境较少的南方森林。

二、不定项选择题

41. BCD 【解析】飞机从敏感点上方过，声屏障无降噪效果。选项 B、C、D 均可以有效降低飞机噪声对该敏感点的影响。

42. ABC 【解析】铁路（时速为 200km/h 及以上、350km/h 及以下）列车运行噪声预测时，噪声源声功率计算应考虑的声源包括集电系统声源、车间区域声源、轮轨区域声源。

43. ABCD 【解析】根据题意，式中，L——靠近围护结构处的倍频带声压级；L_W——某个室内声源在靠近围护结构处产生的倍频带声功率级；r——某个室内声源与靠近围护结构处的距离；Q——指向性因素。通常对无指向性声源，当声源放在房间中心时，$Q=1$；当放在一面墙的中心时，$Q=2$；当放在两面墙夹角处时，$Q=4$；当放在三面墙夹角处时，$Q=8$。$R=S\alpha/(1-\alpha)$，式中，R——房间常数，S——房间内表面面积；α——平均吸声系数。

44. ABCD 【解析】冷却塔有自然通风冷却塔、机械通风冷却塔（带风机）两类。其中，自然通风冷却塔降噪措施有调整冷却塔的位置、选用低噪声冷却塔、设置声屏障、进风口安装百叶窗式消声器、消声垫。机械通风冷却塔（带风机）降噪措施有调整冷却塔的位置、选用低噪声冷却塔、风机加装消声器、电动机装隔声罩（或半隔声罩）、接水盘上部设消声垫、周边设置声屏障、声屏障下部安装消声进风百叶、控制水泵和管道阀门的噪声。增压机降噪减振措施有加装隔声罩、隔声间，加装隔振器、减振器，阻尼隔声包扎，吸声材料吸声。

45. ABD 【解析】隔声设施应充分密闭，避免缝隙孔洞造成漏声（特别是低频漏声）；其内壁应采用足够量的吸声处理（隔声罩的内侧面应设吸声层）。选项 C 错误，内壁光滑增加反射不利于吸声。

46. ABC 【解析】消声器设计及选用应满足的要求：①应根据噪声源的特点，在所需要消声的频率范围内有足够大的消声量；②消声器的附加阻力损失（阻损或压力损失）必须控制在设备运行的允许范围内；③良好的消声器结构应设计科学、小型高效、造型美观、坚固耐用、维护方便、使用寿命长；④对于降噪要求较高的管道系统，应通过合理控制管道和消声器截面尺寸及介质流速，使流体再生噪声得到合理控制。

47. BCD 【解析】反应釜内氮气置换在苯进料前，无含苯废气被置换出；氯化反应过程中呼气阀呼出含苯废气；苯进料、反应产物出料可能会无组织排放含苯废气。

48. BD 【解析】氮氧化物产生原因有两种：①原料含有氮氧化物；②燃烧反应，高温使空气中的氧气和氮气发生反应生成氮氧化物。选项 A、B、C、D 的原料中均没有氮氧化物，但是选项 B、D 中发生燃烧反应会产生氮氧化物。

49. ACD 【解析】元素平衡计算只需考虑所有生产“进项”（原料、助剂、溶剂、催化剂等）和“出项”（产品、副产品、固废、废气、废水等）。不用考虑中间流通的物质的量。

50. ABC 【解析】生产单位产品消耗的电、煤、石油、天然气和蒸汽等能源，通常用单位产品综合能耗指标表示。选项 D 不属于能源的消耗。

51. AD 【解析】选择性催化还原 SCR 处理效率达 90%以上。在常压氧化、加压吸收的条件下，NaOH 液吸收综合处理效率可达 75%～92%。

52. AB 【解析】好氧生物处理技术包括传统活性污泥法、曝气活性污泥法（SBR）、氧化沟法、生物膜法（生物滤池、生物转盘、生物接触氧化及生物流化床等）、其他活性污泥法等。芬顿氧化是化学法、化学氧化法、高级氧化法；空气气提是吹脱法，属于物理化学法。

53. BCD 【解析】废油、油泥属于危险废物。定向钻施工产生的废弃泥浆为一般固体废物。

54. ABCD 【解析】应从项目的选线、选址，项目的组成和内容，工艺和生产技术，施工和运营方案，生态保护措施等方面，选取合理的替代方案，来减少生态影响。选项 A、B、C、D 均能减缓生态环境影响。

55. BD 【解析】选项 A 对于减排无作用，还可能加大恶臭污染物的排放。选项 C 属于管理措施，不属于减排的有效控制措施。

56. D 【解析】蓄热式氧化炉不需要催化剂，故不存在催化剂中毒问题。选项 A、B 错误，不同污染物处理效率可能相同，也可能不同。选项 C 错误，各种环保设施均无法完全去除污染物。

57. ABCD 【解析】事故排水可利用污水系统、清净水系统收集。事故排水流量包括物料泄漏流量、消防水流量、清净水流量、雨水流量等。应设置能够储存事故排水的储存设施。储存设施包括事故池、事故罐、防火堤内或围堰内区域等。根据调节池的功能，调节池分为均量池、均质池、均化池和事故池。污水系统包含污水管网，污水系统由收集和输送城市污水的管道及其附属构筑物组成。

58. ABC 【解析】高新产业区需要的基础图件包括规划范围图、规划布局图和规划区土地利用规划图。

59. BC 【解析】环境空气保护目标调查中，在带有地理信息的底图中标注，并列表给出环境空气保护目标内主要保护对象的名称、保护内容、所在大气环境功能区划以及与项目厂址的相对距离、方位、坐标等信息。

60. ABD 【解析】当建设项目排放的 SO_2 和 NOx 年排放量大于或等于 500t/a 时，评价因子应增加二次污染物 $PM_{2.5}$。因此，需要进行预测分析的基本污染物有 SO_2、NOx 和 $PM_{2.5}$。

61. B 【解析】选项 A 错误，缺少估算模型判定是否会发生熏烟现象。选项 B 正确，CALPUFF 可以用于特殊风场，包括长期静、小风和岸边熏烟。选项 C 错误，最近气象站距离远且存在差异，不宜使用该气象站气象数据，但无法判断是否选用 CALPUFF 模型开展预测分析。选项 D 错误，烟塔合一源应选择 AUSTAL2000 模型。

62. ABCD 【解析】大气环境影响评价时，明确列出发生非正常排放的污染源、非正常排放原因、排放污染物、非正常排放浓度与排放速率、单次持续时间、年发生频次及应对措施等。

63. ABD 【解析】模型参数的确定可采用类比、经验公式、实验室测定、物理模型试验、现场实测及模型率定等方法，还可以采用多类方法比对确定模型参数。当采用数值解模型时，宜采用模型率定法核定模型参数。

64. ABCD 【解析】地表水污染影响型建设项目的预测内容主要包括：①各关心断面（控制断面、取水口、污染源排放核算断面等）水质预测因子的浓度及变化；②到达水环境保护目标处的污染物浓度；③各污染物最大影响范围；④湖泊、水库及半封闭海湾等，还需关注富营养化状况与水华、赤潮等；⑤排放口混合区范围。

65. AB 【解析】地下水水质取样应根据特征因子在地下水中的迁移特性选取适当的取样方法，一般情况下，只取一个水质样品，取样点深度宜在地下水位以下 1.0m 左右。建设项目为改、扩建项目，且特征因子为 DNAPLs（重质非水相液体或重非水相液体）时，应至少在含水层底部取一个样品。

66. ABC 【解析】面向河流流向，左侧左岸，右侧右岸。村庄 a、村庄 b 与本项目均在河流左岸；项目与村庄 a 隔山而非隔岸而建；项目与村庄 a 位于山脊两侧，地下水流向不同，项目对村庄 a 潜水水质没有影响。

67. ABCD 【解析】地下水环境回顾性分析的内容及要求包括：调查地下水环境影响源分布现状，梳理可能影响地下水环境的历史突发环境事件，结合发生原因与处理方式，研判规划评价区域地下水环境质量现状或变化，有条件的情况下，分析原规划环境影响预测与现状演化趋势的差异性及原因。环境影响回顾性分析结合上一轮规划实施情况或区域发展历程，分析区域生态环境演变趋势和现状生态环境问题与上一轮规划实施或发展历程的关系，调查分析上一轮规划环评及审查意见落实情况和环境保护措施的效果。提出本次评价应重点关注的生态环境问题及解决途径。

68. ABCD 【解析】地下水调查范围应包括规划占地范围以及可能受到污染影响的区域，即地下水流向的下游及两侧。a 区处于规划区，需要调查；地下水流向分别为向山脊线两侧方向，b 区、c 区均位于规划区地下水流向的下游地区，均需要调查；根据河流流向，沿河地区地下水流向一般与河流一致，d 区处于规划区地下水流向的下游地区，需要调查；e 区处于规划区地下水流向的上游地区，故不需要调查。

69. ACD 【解析】河流边界常年流水，与地下水联系紧密，可以概化为定水位边界或定水头边界。地下水的天然分水岭可以作为隔水边界。山脊线一般是地下分水岭，此时无流量流过山脊线边界（两侧有流量，但因方向相反不会跨越边界），所以概化为零通量边界、隔水边界。

70. ABD 【解析】含水层中介质颗粒越大、裂隙或溶隙越多，渗透性越好，污染物的衰减能力越低，防污性能越差。包气带厚度越大，防污性能越强。含水层厚度与防污性能无关。

71. BCD 【解析】选项 A 错误，项目区污染源处注水会使污染范围扩大。

72. ABCD 【解析】生态影响评价因子筛选表应包含的信息有受影响对象、评价因子、工程内容及影响方式、影响性质、影响程度等。

73. AC 【解析】生态影响的影响程度可分为强、中、弱、无四个等级，可依据下表原则进行初步判断：

受影响因素	影响程度			
	强	中	弱	无
生境	严重破坏	一定程度破坏	暂时性破坏	未受到破坏
水系开放连通性	显著影响	一定程度影响	变化不大	未受到影响
野生动植物栖息繁衍（或生长繁殖）	难以	一定程度干扰	暂时性干扰	未受到影响
物种种类	明显减少	减少	变化不大	物种种类
种群数量	显著下降	下降	变化不大	种群数量
种群结构	明显改变	改变	变化不大	种群结构
生物多样性	显著下降	有所下降	基本维持现状	维持现状
生态系统结构和功能	严重损害	一定程度破坏	基本维持现状	维持现状
生态系统稳定性	难以维持	一定程度干扰	基本维持现状	维持现状

74. ABD　**【解析】**根据观测方案，准备相应的仪器、设备、工具，包括森林罗盘仪、经纬仪（全站仪）、全球定位系统（GPS）定位仪、50m 卷尺、5m 卷尺、胸径尺、锤子、记录夹、记录纸、记录笔、油漆刷、铅笔、橡皮、标本夹、测高杆、便携式激光测距仪等。

75. ABC　**【解析】**爬行动物观测的内容主要包括观测区域中爬行动物的种类组成、空间分布、种群动态、受威胁程度、生境状况等。爬行动物观测指标包括爬行动物的种类组成、区域分布、种群数量、性比、繁殖习性、食性、种群遗传结构、生境类型、人为干扰活动的类型和强度、环境因子、食物丰富度等。

76. ABCD　**【解析】**解译标志包括直接和间接解译标志。其中，直接判读标志有形状、大小、颜色和色调、阴影、位置、结构（图案）、纹理、分辨率和立体外貌；间接判读标志有水系、地貌、土质、植被、气候和人文活动。

77. ACD　**【解析】**景观变化分析的方法主要有三种：定性描述法、景观生态图叠置法和景观动态的定量化分析法。

78. ABD　**【解析】**选项 C 错误，穿越段采用定向钻施工，不会造成鱼类阻隔。

79. ACD　**【解析】**选项 B 错误，黑鹿自然保护区是原有的受保护区域，不能进行范围调整。

80. BCD　**【解析】**生态监测计划应明确监测因子、方法、频次、点位等。开展全生命周期和长期跟踪生态监测的项目，其监测点位以代表性为原则，在生态敏感区可适当增加调查密度、频次。施工期重点监测施工活动干扰下生态保护目标的受影响状况，如植物群落变化、重要物种的活动、分布变化、生境质量变化等，运行期重点监测对生态保护目标的实际影响、生态保护对策措施的有效性以及生态修复效果等。有条件或有必要的，可开展生物多样性监测。

准考证号：________

考生姓名：________

工作单位：________

2023 年全国环境影响评价工程师职业资格考试

环境影响评价技术方法

考生注意事项

1. 答题前，考生须在试题册指定位置上填写工作单位、考生姓名和准考证号；在答题卡指定位置上填写考生姓名和准考证号，并涂写准考证号信息点。
2. 选择题的答案必须涂写在答题卡相应题号的选项上，非选择题的答案必须书写在答题卡指定位置的边框区域内。超出答题区域书写的答案无效；在草稿纸、试题册上答题无效。
3. 填（书）写部分必须使用黑色字迹签字笔或者钢笔书写，字迹工整、笔迹清楚；涂写部分必须使用2B铅笔填涂。
4. 考试结束，将答题卡和试题册按规定交回。

一、单项选择题（共 40 题，每题 1 分。每题的备选项中，只有 1 个最符合题意）

1. 某单跑道机场扩建项目，评价范围内共有 7 个声环境保护目标，选取 3 个代表性声环境保护目标进行飞机噪声影响现状监测，计权等效连续感觉噪声级测量结果与模型计算结果见下表，获取该项目其他声环境保护目标处飞机噪声现状值可采用的方法是（　　）。

监测点	测量结果（dB）	模型计算结果（dB）
1#	69.6	71.8
2#	66.4	65.7
3#	68.3	70.1

A. 模型计算法　B. 社会调查法　C. 类比测量法　D. 收集资料法

2. 某拟建水泥粉磨站项目，声环境保护目标处噪声现状值为 51.0dB（A），噪声预测值为 54.0dB（A），则该水泥粉磨站对声环境保护目标的噪声贡献值是（　　）。

A. 51.0dB（A）　B. 52.5dB（A）　C. 54.0dB（A）　D. 55.8dB（A）

3. 某拟建污水处理厂距厂界门卫值班室 100m 的曝气风机位于室外地面，厂家提供的风机声功率级为 102.0dB（A），若将风机视为半自由空间中的点声源，在只考虑几何发散衰减情况下，该风机在门卫值班室处产生的噪声级是（　　）。

A. 51.0dB（A）　B. 54.0dB（A）　C. 76.0dB（A）　D. 79.0dB（A）

4. 距某高速公路中心线 10m 处噪声级为 68.6dB（A），若该高速公路可视为无限长线声源，在只考虑几何发散衰减情况下，距高速公路中心线 100m 处的噪声级是（　　）。

A. 45.6dB（A）　B. 50.6dB（A）　C. 53.6dB（A）　D. 58.6dB（A）

5. 某城市轨道交通项目地下线路段自居民楼下方穿过，为减轻对上方居民楼的影响，可以采取的措施是（　　）。

A. 设置声屏障　B. 设置隔声窗

C. 隧道采取吸声处理　D. 轨道采取隔振措施

6. 某 LNG 接收站外输天然气拟采用海水气化工艺，在海水取水泵房加入 EGD（天然双长链脂肪胺类）杀生缓蚀剂替代电解海水制取次氯酸钠，经气化器排出的工艺冷排水中的主要评价因子为（　　）。

A. 余氯　B. 盐度　C. 重金属　D. 海水温降

7. 某建设项目从供水水库取水 527m^3/h，回用废水 188m^3/h 分别回用至脱盐水站、循环水系统，生产废水经污水处理达标后排放入海 488m^3/h，以回用废水量占废水量的比率反映废水回用情况，则该项目的废水回用率是（　　）。

A. 26.3%　B. 27.8%　C. 35.7%　D. 38.5%

8. 拟建转窑处理固废、液废焚烧装置，包括主体焚烧设施（固体物料进料系统、液体物料进料系统、回转窑主体、二燃室、排渣机、助燃空气预热系统）废热锅炉，烟气净化及排放系统处理含水率为 80%的剩余活性污泥时，污泥加入焚烧设施的合适位置是（　　）。

A. 回转窑　B. 二燃室　C. 排渣机　D. 废热锅炉

9. 某天然气管道两截断阀空间距离为 25km，管道发生破裂事故后，天然气泄漏速率估算为 93 028m^3/min，按每立方米天然气燃烧 CO 产生系数为 0.35g 估算，天然气燃烧次生污染物 CO 的排放源强是（　　）。

A. 2.7kg/min　B. 8.8kg/min　C. 32.6kg/min　D. 542.7kg/min

10. 某石化项目按 $V_{总}=(V_1+V_2-V_3)_{max}+V_4+V_5$ 校核事故废水储存设施的总有效容积，估算厂区事故废水量时，消防水量和物料量 $(V_1+V_2-V_3)_{max}$ 为 12 960m³；收集的雨水量 V_5 为 26 600m³，进入该收集系统的生产废水量 V_4 暂不考虑。事故废水收集和储存系统的设计总有效容积 $V_{总}$ 应为（　　）。

A. 13 600m³　　B. 12 900m³　　C. 27 000m³　　D. 40 000m³

11. 某国家监测站点全年 SO_2 日均浓度有效监测值共 365 个，将 SO_2 日均浓度值按数值从小到大排序后，最后 15 位对应的浓度见下表，该监测站点 SO_2 日均浓度第 98 百分位数是（　　）。

序号	351	352	353	354	355	356	357	358	359	360	361	362	363	364	365
对应浓度（μg/m³）	22	22	22	22	23	23	23	24	24	24	24	24	24	25	25

A. 22μg/m³　　B. 23μg/m³　　C. 24μg/m³　　D. 25μg/m³

12. 某焦化项目大气环境影响评价为一级，排放的特征污染物为 BaP，拟对 BaP 开展环境空气质量现状补充监测，BaP 补充监测采样满足要求的是（　　）。

A. 3d 有效数据，每天 18h 采样时间　　B. 3d 有效数据，每天 22h 采样时间

C. 7d 有效数据，每天 20h 采样时间　　D. 7d 有效数据，每天 24h 采样时间

13. 某新建炼油项目开展大气环境影响一级评价，选择区域污染较重季节进行补充监测，关于该项目环境空气质量现状补充监测布点的说法，正确的是（　　）。

A. 补充监测季节主导风向上风向 5km 范围内设置 1～2 个监测点

B. 近 20 年统计的主导风向上风向 5km 范围内设置 1～2 个监测点

C. 厂址及补充监测季节主导风向下风向 5km 范围内设置 1～2 个监测点

D. 厂址及近 20 年统计的主导风向下风向 5km 范围内设置 1～2 个监测点

14. 某污染类建设项目，排放的主要废气污染物为颗粒物（以 PM_{10} 计，日平均浓度限值为 150μg/m³）。采用 AERSCREEN 模型估算最大 1h 平均地面空气质量浓度 C_{max}＝15μg/m³，大气环境影响评价等级应是（　　）。

A. 一级　　B. 二级　　C. 三级　　D. 简化评价

15. 某项目开展地下水环境影响评价，可获取包气带垂向渗透系数 K 的试验方法是（　　）。

A. 抽水试验　　B. 注水试验

C. 渗水试验　　D. 淋滤试验

16. 地下水水质现状监测时，地下水样品采样前，采样井洗井排出水量正确的是（　　）。

A. 不得小于井筒积水的水量　　B. 不得小于 2 倍井筒积水的水量

C. 不得小于 3 倍井筒积水的水量　　D. 井筒积水清澈可不洗井

17. 某项目区地下水为海岛孔隙潜水含水层，地下水埋藏条件简单，地下水评价等级为二级，下列地下水流模拟模型概化中，适宜的是（　　）。

A. 径向一维稳定流模型　　B. 三维稳定流模型

C. 立面二维非稳定流模型　　D. 垂向一维非稳定流模型

18. 经调查，某潜水含水层渗透系数为 100m/d，有效孔隙度为 0.20，水力坡度为 0.20%，在 30d 污染物可能被检出的距离是（　　）。

A. 30m　　B. 50m　　C. 70m　　D. 100m

19. 影响潜水含水层给水度大小的因素是（　　）。

A. 含水层厚度　　B. 含水颗粒大小

C. 潜水深度　　D. 水力坡度

20. 水库蓄水导致库区土壤盐渍化的原因是（　　）。

A. 水土流失　　B. 水体富营养化　　C. 地下水位抬升　　D. 水体蒸发

21. 某生物制药项目设计生产装置年运行时间为 5 000h，废水处理设施年运行时间为 6 000h，核算生产废水污染物年产量的小时数是（　　）。

A. 1 000　　B. 5 000　　C. 6 000　　D. 11 000

22. 下列工程或设施中，产生的大气污染源为线源的是（　　）。

A. 化学制药企业废水地下集输管线　　B. 成品油配送库中的汽油罐

C. 北京至天津的高速公路　　D. 榆林至郑州的天然气管线

23. 废气中含有甲烷、乙烷和氮气，其中，甲烷、乙烷的浓度接近在空气中的爆炸上限，处理这股废气适宜的方法是（　　）。

A. 送燃料气管网作为燃料　　B. 采用水洗涤法处理后排放

C. 采用 0℃的柴油吸收处理后排放　　D. 用空气稀释到爆炸下限的 25%以下排放

24. 某丁辛醇项目产生 5t/h 废水（含 5%正丁醇），已知正丁醇在水中的溶解度为 7.7%、正丁醇密度为 $0.81g/cm^3$、沸点为 117.59℃、饱和蒸汽压为 0.82kPa (25℃)。下列废水预处理方法中，最适宜的方法是（　　）。

A. 蒸汽气提　　B. 溶气气浮　　C. 重力沉降　　D. 臭氧氧化

25. 下列危险废物中，不能直接送入危险废物暂存库贮存的是（　　）。

A. 带盖桶装油泥

B. 用带盖塑料桶包装的废机油

C. 用纤维袋包装吸附 H_2S 饱和的废活性炭

D. 用带盖铁桶包装的经过高温焙烧后的废金属氧化物催化剂

26. 固定污染源烟气排放连续监测系统（CEMS）中，烟气流速应大于的测量范围上限是（　　）。

A. 30m/s　　B. 20m/s　　C. 10m/s　　D. 5m/s

27. 某河段水体 pH 值实测为 5，《地表水环境质量标准》（GB 3838—2002）中的 pH 标准值为 6～9，该河段水体的 pH 值标准指数是（　　）。

A. 2　　B. 1　　C. 1.2　　D. 0.8

28. 某拟建项目达标废水排放到近岸海域水体，评价等级为二级。在制定海域水质现状调查监测方案时，合理布设的水质取样断面数是（　　）。

A. 2 个　　B. 4 个　　C. 6 个　　D. 8 个

29. 某建设项目向河流排放达标废水，废水排放量为 $0.05m^3/s$。河流流量为 $2m^3/s$，排放口上游氨氮浓度为 0.7mg/L，执行Ⅲ类水标准（标准限值为 1.0mg/L）。假设废水排入河流后完全混合，忽略降解的影响，为满足 2km 处水环境安全余量（10%）要求，可作为建设项目氨氮允许排放的最大浓度为（　　）。

A. 32.8mg/L　　B. 18.8mg/L　　C. 13.0mg/L　　D. 8.9mg/L

30. 某多年调节水库建设项目，经初步判别，水温在垂向、纵向分布存在差异。要定量预测该库区水温特征时，可以选用的预测模型是（　　）。

A. 垂向一维模型　　B. 纵向一维模型　　C. 立面二维模型　　D. 平面二维模型

31. 城镇污水处理厂属于生物处理单元的是（　　）。

A. 监控池　　B. 初沉池　　C. 好氧曝气池　　D. pH 调节池

32. 可用于污水处理厂恶臭气体处理的方法是（　　）。

A. 布袋过滤　　B. 生物过滤　　C. 干燥　　D. 旋风分离

33. 城镇污水处理工艺中，好氧生物处理污水的 B/C 比不宜小于（　　）。

A. 0.1　　B. 0.3　　C. 0.5　　D. 0.7

34. 下列污水处理工艺中，可用于低浓度铜离子废水除铜处理的工艺是（　　）。

A. 阳离子交换　　B. 砂滤　　C. 溶气气浮　　D. 重力沉降

35. 下列工程活动导致的生态影响中，属于短期生态影响的是（　　）。

A. 水库运行调度对鱼类的影响　　B. 水库淹没对库区动物生境的影响

C. 公路运输噪声对邻近动物的影响　　D. 公路隧洞爆破对邻近动物的影响

36. 关于陆生维管植物调查样地的设置，下列说法错误的是（　　）。

A. 样地应具有代表性　　B. 样地形状以正方形为宜

C. 样地位置可布置于 60°坡地　　D. 样地应避开与观测目的无关因素的干扰

37. 某工程拟绘制评价区生态系统类型图，宜作为基础制图单位Ⅱ级生态系统类型的是（　　）。

A. 荒漠　　B. 草甸　　C. 湿地　　D. 农田

38. 某样地内有 6 个野生动物物种，各物种个体数量见下表，则其 Simpson 优势度指数 D（$D=1-\sum_{i=1}^{s}p_i^2$）是（　　）。

物种编号	种 1	种 2	种 3	种 4	种 5	种 6
个体数量	3	15	1	1	10	2

A. 0.54　　B. 0.67　　C. 0.79　　D. 0.86

39. 某山区公路项目因沿线地形起伏较大，隧洞段和深挖高填段较多，导致弃渣量较大。下列生态保护措施中，能够减少该项目弃渣对周边环境影响的是（　　）。

A. 生态修复采用外来植物种　　B. 为减少占地，弃渣场边坡设计为 65°

C. 弃渣场设置于河漫滩地　　D. 做好挖填平衡，尽量回用弃渣

40. 某高速公路因受地形条件和设计指标限制，拟在 K24＋300～K25＋100 高填方路段穿越生态保护红线范围，该生态保护红线的类型为生物多样性维护。针对此影响，下列说法正确的是（　　）。

A. 该路段应加强植被护坡措施

B. 申请调整该路段生态保护红线范围

C. 应以隧洞方式穿越该生态保护红线区

D. 应多方案比选，尽可能绕避生态保护红线区

二、不定项选择题（每题 2 分，共 80 分。每题的备选项中，至少有 1 个符合题意。多选、错选、少选均不得分）

41. 某企业室外冷却塔为该项目主要噪声源，其噪声调查表内容应包括（　　）。

A. 电机变频范围　　B. 运行时段

C. 声源控制措施　　D. 空间相对位置

42. 列车运行噪声作用时间有关参数包括（　　）。

A. 列车长度　　B. 列车速度　　C. 列车高度　　D. 列车宽度

43. 某热电厂邻近山体，附近有农舍和倒班宿舍，声环境保护目标调查内容有（　　）。
A. 农舍所在声环境功能区类别　　B. 农舍相对厂区地面标高
C. 农舍建筑结构及朝向　　D. 厂区内倒班宿舍位置

44. 某电厂项目风机房内有 4 台风机，风机房进出大门内侧的噪声级大小相关因素包括（　　）。
A. 引风机声功率　　B. 引风机房插入损失
C. 引风机房内表面积　　D. 引风机房内平均吸声系数

45. 飞机噪声影响预测所需的参数有（　　）。
A. 日均飞行架次　　B. 机型组合比例
C. 起飞架次昼夜比例　　D. 降落架次昼夜比例

46. 面声源的影响因素有（　　）。
A. 长方形墙体长度　　B. 长方形墙体宽度
C. 长方形墙体厚度　　D. 长方形墙体面积

47. 某项目废气主要含丁烷、顺酐、水雾等，脱水后送蓄热焚烧设施进行焚烧处理，焚烧尾气经换热洗涤后排放，废气处理工艺包括（　　）。
A. 气水分离　　B. 尾气洗涤
C. 焚烧室高温焚烧　　D. 蓄热室预热

48. 某炼油项目产生的石油焦含镍含钒，制氢装置使用石油焦产生的灰渣的水溶液镍钒含量比石油焦低，对灰渣可选择的处置途径有（　　）。
A. 回收金属镍和钒后综合利用　　B. 送园区危险废物填埋场
C. 用作道路路基填料　　D. 用作建筑砌块

49. 煤制烯烃项目的废水回用，需设置的要素监测点有（　　）。
A. 企业厂界噪声监测点　　B. 全厂雨水监控池排放口
C. 地下水环境跟踪监测井　　D. 厂界环境空气质量监测点

50. 某液体码头项目装卸货品为液体化学品，可能发生的海域环境风险有（　　）。
A. 作业人员落水　　B. 装船化学品喷溅入海
C. 作业船顶推作业　　D. 船载化学品泄漏入海

51. 某液氨储罐，液氨物料泄漏会产生的环境危害有（　　）。
A. 氨水泄漏进入地下水　　B. 液氨泄漏对周边人群产生影响
C. 氨气泄漏伤害周边植被　　D. 事故状态火灾产生的消防废水

52. 某垃圾焚烧发电项目，排放 NO_x、SO_2、二噁英等污染物，大气评价等级为一级，该项目污染源调查内容有（　　）。
A. 本项目污染源　　B. 区域削减污染源
C. 评价范围内在建、拟建污染源　　D. 区域网格模型的污染源排放清单

53. 某建设项目大气环境影响评价等级为一级，污染物包括硫化氢。硫化氢污染物现状调查内容应包括（　　）。
A. 了解评价范围内污染源情况　　B. 了解硫回收工艺流程
C. 按实际需要开展补充监测　　D. 收集评价范围内已有监测数据

54. 在空气现状补充监测点位图中需要明确标出的位置有（　　）。
A. 国家监测站点　　B. 地方监测站点
C. 现状补充监测点　　D. 污染源监测点

55. 关于 AERMOD 模型的地表参数，下列说法中，正确的有（　　）。

A. 应根据项目周边 3km 范围内的土地利用类型进行合理划分

B. 应采用 AERSURFACE 直接读取可识别的土地利用数据文件

C. 根据 1km 范围内占地面积最大的土地利用类型确定

D. 根据 3km 范围内占地面积最大的土地利用类型确定

56. 某火电建设项目排放 $SO_2$280t/a、Hg0.03t/a，大气评价影响等级为一级，评价范围为边长 20km 的矩形，下列属于进一步预测工作的有（　　）。

A. 选取距项目最近的气象站近 1 年的逐时地面气象数据

B. 选取 SO_2、NO_x、PM_{10}、$PM_{2.5}$、Hg 开展预测评价

C. 选取分辨率为 1km 的地形数据

D. 设置预测范围内网格间距为 100m

57. 地下水现状调查中需要考虑包气带阻滞效应的包气带埋深有（　　）。

A. 50m　　B. 75m　　C. 100m　　D. 125m

58. 某项目地下水中挥发酚浓度呈明显上升趋势，地下水污染应急防控措施有（　　）。

A. 修复生产设施的渗漏点　　B. 持续监测特征污染因子

C. 监测井改造为抽水井抽水阻隔　　D. 在监测井下游构筑注水隔墙

59. 下列属于地下水环境影响的长期监测项目有（　　）。

A. 地下水水位　　B. 地下水基本水质因子浓度

C. 渗透系数　　D. 特征水质因子浓度

60. 土壤 Cr 现状值为 0.3mg/kg，土壤 Cr 风险筛选值为 0.6mg/kg，如土壤需要实行进一步管控，土壤中 Cr 的增加量可能有（　　）。

A. 0.1mg/kg　　B. 0.3mg/kg　　C. 0.6mg/kg　　D. 0.9mg/kg

61. 某生产设施运行时，产生挥发性有机物排放的设施有（　　）。

A. 内浮顶罐　　B. 输油管道　　C. 上装油鹤管　　D. 下装油鹤管

62. 裂解工艺制乙烯裂解温度为 960℃，NO_x 出口浓度控制在 50mg/m^3，下列控制 NO_x 废气的措施可行的有（　　）。

A. 降低排烟温度　　B. 低氮燃烧器＋SCR 脱硝

C. 降低反应炉膛温度　　D. 使用活性炭吸附

63. 某加油站采用油枪加油、地下罐收油，加油量为 1 000L/d，对 VOCs 挥发性有机物控制措施有（　　）。

A. 采用油气平衡加油枪　　B. 采用常温汽油吸收法处理

C. 稀释后高空排放　　D. 地下油罐采用气相平衡收油

64. 某项目废水使用沉淀、浮选、厌氧和好氧生物处理，下列属于废水处理过程产生的污泥有（　　）。

A. 沉淀池污泥　　B. 浮选浮渣

C. 好氧剩余污泥　　D. 厌氧剩余污泥

65. 下列设施中，需要重点防渗的有（　　）。

A. 污油罐　　B. 污水池

C. 管廊上铺设的污水管线　　D. 装置操作室

66. 下列属于废矿物油储存设施的有（　　）。

A. 密闭常压钢制固定顶罐　　B. 有防渗措施的密闭水泥池

C. 敞开式水泥池　　D. 密闭但无防渗措施的水泥池

67. 土壤采样与分析中，对表层土壤的取样包括（　　）。

A. 硬化层　　B. 填土层　　C. 原土层　　D. 岩石层

68. 源强核算时，需要考虑的排放口有（　　）。

A. 含铬废水车间排放口　　B. 污水处理厂总排口

C. 含铁废水车间排放口　　D. 温排水排放口

69. 某大型畜禽养殖场地表水环境影响分析中，面源的内容有（　　）。

A. 农村生活污水排放情况　　B. 农田农药和化肥使用情况

C. 农村散养畜禽养殖种类及数量　　D. 城镇污水处理厂排放口废水排放

70. 某海域水环境影响评价应调查的海域资料有（　　）。

A. 盐度　　B. 潮位　　C. 潮流流向　　D. 养殖区分布

71. 对某建设项目水温预测采用一维数学模型，涉及的参数有（　　）。

A. 垂向流速　　B. 太阳热辐射通量

C. 水温垂向扩散系数　　D. 水温纵向扩散系数

72. 下列属于活性污泥的物理脱水方法有（　　）。

A. 板框压滤　　B. 离心分离　　C. 厌氧消化　　D. 阶段曝气

73. 下列属于炼油厂含油污泥适合的处置方式有（　　）。

A. 一般固废填埋　　B. 外售用于民用燃料

C. 油固分离后综合利用　　D. 水泥窑协同处理

74. SBR 工艺完成除磷的运行条件有（　　）。

A. 低污泥负荷　　B. 高污泥负荷　　C. 低充水比　　D. 高充水比

75. 下列属于强影响程度等级的有（　　）。

A. 某种群数量损失 80%　　B. 某生态修复难度较大

C. 施工粉尘遮挡植物影响其光合作用　　D. 修建拦河筑坝影响水系连通性

76. 在调查大型哺乳动物时，下列观测时间适合的有（　　）。

A. 在植被稀疏的季节调查　　B. 根据观测生活习性确定

C. 在动物活动高峰期进行　　D. 在早晨或黄昏时进行

77. 适合采用样线法对鸟类进行调查的区域有（　　）。

A. 平原区域　　B. 崎岖山地　　C. 开阔草原　　D. 片段化生境

78. 下列属于采用标记回捕法对鱼类进行调查的方法的有（　　）。

A. 专门采样调查　　B. 发布消息，有偿回收

C. 集镇上访问调查　　D. 调查经各种渔具捕捞的鱼类

79. 拟采用生态因子类比法对建设项目进行生态影响分析评价，类比工程的选择需考虑的因素有（　　）。

A. 相似地貌　　B. 相似植物群落　　C. 相似气候类型　　D. 相似经济指标

80. 某缺水型城市重点供水项目，拟新建的水库将淹没河岸边的 5 株国家二级重点保护植物红椿，为保护好这种植物，下列措施合适的有（　　）。

A. 取消该项目建设　　B. 砍伐后作为标本

C. 对该物种进行过地移栽保护　　D. 对该物种进行就地围栏挂牌保护

参考答案及解析

一、单项选择题

1. A 【解析】当现状噪声声源复杂且声环境保护目标密集，在调查声环境质量现状时，可考虑采用现场监测结合模型计算法。如多种交通并存且周边声环境保护目标分布密集、机场改扩建等情形。利用监测或调查得到的噪声源强及影响声传播的参数，采用各类噪声预测模型进行噪声影响计算，将计算结果和监测结果进行比较验证，计算结果和监测结果在允许误差范围内（≤3dB）时，可利用模型计算其他声环境保护目标的现状噪声值。
2. A 【解析】由于预测值比现状值增加了 3dB（A），所以贡献值也为 51dB（A）。或者利用噪声级相减的公式，该水泥粉磨站对声环境保护目标的噪声贡献值 $=10\lg(10^{\frac{54}{10}}-10^{\frac{51}{10}})=51$ [dB（A）]。
3. B 【解析】根据噪声源的几何发散衰减一点声源计算，该风机在门卫值班室处产生的噪声级是：$L_A(r_0)=L_{wA}-20\lg r_0-8=102.0-40-8=54.0$ [dB（A）]。
4. D 【解析】根据噪声源的几何发散衰减一点声源计算，距高速公路中心线 100m 处的噪声级是：$L_p=L_w-10\lg\left(\frac{r}{r_0}\right)=68.6-10\lg\left(\frac{100}{10}\right)=58.6$ [dB（A）]。
5. D 【解析】地下轨道项目，主要考虑减轻振动引起的噪声。
6. D 【解析】建设项目海洋环境评价因子的筛选应符合以下要求：有温（冷）排水的建设项目，水温应作为评价因子。题干反复提及“气化”工艺、“气化”器、“冷”排水，均与温度有关，选项 D 正确。
7. B 【解析】废水回用率＝回用废水量/废水量＝回用废水量/（回用废水量＋排放入海废水）＝188/（188＋488）≈27.8%。
8. A 【解析】污泥焚烧需要高温（回转窑），但不需要过高的温度。二燃室主要是为了处理二噁英等物质准备的。排渣机用于排放燃烧残渣，废热锅炉是利用产生剩余热能制取热水或水蒸气，二者均属于配套设施。
9. C 【解析】天然气燃烧次生污染物 CO 的排放源强 $=0.35\times10^{-3}\times93\ 028\approx32.6$ (kg/min)。
10. D 【解析】事故废水收集和储存系统的设计总有效容积 $V_{总}=12\ 960+26\ 600=39\ 560$（$m^3$）$\approx40\ 000$（$m^3$）。
11. C 【解析】第 p 百分位数 mp 的序数 $k=1+(n-1)\times p\%=1+(365-1)\times98\%=357.72$，$s$ 取 k 的整数部分为 357，$mp=X_{(s)}+[X_{(s+1)}-X_{(s)}]\times(k-s)=23+(24-23)\times(357.72-357)=23.72\approx24$（$\mu g/m^3$）。
12. D 【解析】根据监测因子的污染特征，选择污染较重的季节进行现状监测。补充监测应至少取得 7d 有效数据。对于部分无法进行连续监测的其他污染物，可监测其一次空气质量浓度，监测时次应满足所用评价标准的取值时间要求。特征污染物 BaP 每日应有 24h 的采样时间。
13. D 【解析】项目环境空气质量现状补充监测布点：以近 20 年统计的当地主导风向

为轴向，在厂址及主导风向下风向 5km 范围内设置 1～2 个监测点。如需在一类区进行补充监测，监测点应设置在不受人为活动影响的区域。环境空气质量监测点位置的周边环境应符合相关环境监测技术规范的规定。

14. B 【解析】污染物最大地面空气质量浓度占标率（最大浓度占标率）$P=C/C_0$，C_0指的是环境质量标准中的小时均值标准。如污染物无小时浓度均值标准，但有其他标准，在计算最大浓度占标率时需要折算。8h 平均质量浓度限值、日平均质量浓度限值、年平均质量浓度限值，可分别按 2 倍、3 倍、6 倍折算为 1h 平均质量浓度限值。$P=15/3\times150\approx3.3\%$，大气环境影响评价等级为二级。

15. C 【解析】渗水试验是一种在野外现场测定包气带土层垂向渗透系数的简易方法，在研究地面入渗对地下水的补给时，常需进行此试验。当单位时间注入水量（包气带岩层的渗透流量）保持稳定时，则可根据达西渗透定律计算出包气带土层的渗透系数（K）。

16. C 【解析】地下水样品采集与现场测定：①地下水样品应采用自动式采样泵或人工活塞闭合式与敞口式定深采样器进行采集。②样品采集前，应先测量井孔地下水水位（或地下水位埋深）并做好记录，然后采用潜水泵或高心泵对采样井（孔）进行全井孔清洗，抽汲的水量不得小于 3 倍的井筒水（量）体积。③地下水水质样品的管理、分析化验和质量控制按照 HJ/T 164 执行。pH、Eh、DO、水温等不稳定项目应在现场测定。

17. A 【解析】含水层中污染物运移预测的方法分为解析法和数值法。简单不复杂的情况用解析法，解析法属于稳定流，选项 C、D 错误。解析法分为一维弥散解析法和二维弥散解析法两种，选项 B 错误。径向就是 X 方向，潜水含水层关注 X 方向的变化，选项 A 正确。

18. A 【解析】在 30d 污染物可能被检出的距离$=L=\dfrac{\text{KIT}}{n_e}=\dfrac{100\times0.20\%\times30}{0.20}=30$（m）。

19. C 【解析】给水度是指把地下水位下降一个单位深度，从地下水位延伸到地表面的单位水平面积岩石柱体，在重力作用下释出的水的体积。给水度影响因素：对于均质的松散岩石，给水度的大小与岩性（吸附、孔隙：成分，颗粒大小、级配及分选，孔隙）、初始地下水位埋藏深度（埋深浅，给水度小）以及地下水位下降速率（下降速率大，给水度小）等因素有关。选项 B 虽然有关，但是更准确的说法是岩性，颗粒的大小是岩性中的部分影响，不能代表岩性。

20. C 【解析】土壤盐渍化是指土壤底层或地下水的盐分由于毛细作用上升到地表，水分蒸发后，使盐分积累在表层土壤中的过程。水库蓄水可以导致周边地下水位上升，从而导致土壤盐渍化，选项 C 正确。选项 A、B 不会导致土壤盐渍化，选项 D 非水库蓄水导致的变化。

21. B 【解析】污染源源强核算的方法包括产污系数法和排污系数法，产、排污系数法都是根据产品产量计算的，生产装置年运行时间和产品产量成正比，所以使用生产装置年运行时间更合理。废水处理设施如果效率高运行时间就短，效率低运行时间长，与污染物年产生量弱相关。

22. C 【解析】选项 A 无大气污染物排放，选项 B 为无组织点源排放，选项 D 无大气污染物排放（管路本身不识别正常、非正常排放）。

23. C 【解析】废气中甲烷、乙烷与柴油都是非极性物质，相似相容，可以利用低温柴油吸收甲烷、乙烷。题目中已经说明接近爆炸上限，就不能燃烧处理，会爆炸，选项 A 错误。水是极性物质，与甲烷、乙烷不互溶，选项 B 错误。目前对含中高浓度的 VOCs 气体，不可以不经处理直接排放，选项 D 错误。

24. A 【解析】正丁醇沸点为 117.59℃，非高沸点气体，且饱和蒸汽压高，容易被气提法的过热水蒸气加热成气体挥发，所以适合蒸汽气提法。

25. C 【解析】根据《危险废物贮存污染控制标准》(GB 18597—2023)，易产生粉尘、VOCs、酸雾、有毒有害大气污染物和刺激性气味气体的危险废物应装入闭口容器或包装物内贮存。纤维袋有大量微孔，非密闭结构。

26. A 【解析】固定污染源烟气排放连续监测系统（CEMS）流速测量范围：测量范围上限应大于 30m/s；当流速小于或等于 10m/s 时，速度的相对误差小于±12%；流速大于 10m/s 时，速度相对误差不大于±10%。

27. A 【解析】pH 值的指数计算公式：$S_{pH,j}=\dfrac{pH_j-7.0}{pH_{su}-7.0}$，$pH_j>7.0$；$S_{pH,j}=\dfrac{7.0-pH_j}{7.0-pH_{sd}}$，$pH_j\leqslant 7.0$。本题中，pH=5，即 pH 小于 7，则该河段水体的 pH 值标准指数为：$S_{pH,j}=\dfrac{7.0-pH_j}{7.0-pH_{sd}}=\dfrac{7.0-5}{7.0-6}=2$。

28. B 【解析】入海河口、近岸海域监测点位设置与采样频次：水质取样断面和取样垂线的设置，一级评价可布设 5～7 个取样断面；二级评价可布设 3～5 个取样断面。

29. D 【解析】建设项目氨氮允许排放的最大浓度为 C_1；完全混合浓度 $C_0=(0.05\times C_1+2\times 0.7)/(0.05+2)=1\times(1-10\%)$；解得 $C_1=8.9$mg/L。

30. C 【解析】地表水预测模型：垂向 Z，纵向 X，XZ 方向为立面二维模型。

31. C 【解析】生物滤池适用于低浓度的生活污水和具有可生化性的工业废水处理。生物滤池应采用自然通风方式供应空气，应按组修建，每组由 2 座滤池组成，一般为 6～8 组。曝气生物滤池适用于深度处理或生活污水的二级处理。

32. B 【解析】恶臭污染治理应进行多方案的技术经济比较后确定，应优先考虑生物除臭过滤的方法。无须经常人工维护的设施，如沉砂池、初沉池和污泥浓缩池等，应采用固定式的封闭措施控制臭气；需经常维护和保养的设施，如格栅间、泵房的集水井和污水处理厂的污泥脱水机房等，应采用局部活动式或简易式的臭气隔离措施控制臭气。

33. B 【解析】生物处理适用于可以被微生物降解的废水，按微生物的生存环境可分为好氧法和厌氧法。好氧生物处理宜用于进水 $BOD_5/COD\geqslant 0.3$ 的废水。厌氧生物处理宜用于高浓度、难生物降解有机废水和污泥等的处理。

34. A 【解析】离子交换适用于原水脱盐净化，回收工业废水中有价金属离子、阴离子化工原料等。砂滤、重力沉降适宜去除高浓度悬浮物，溶气气浮适宜去除高浓度油类。

35. D 【解析】施工期影响是暂时的，其他是长期的。

36. C 【解析】样地位置应易于观测工作展开，离后勤补给点不宜太远，避开悬崖、陡坡等危险区域。

37. B 【解析】选项 A、C、D 均为Ⅰ级分类。

38. B 【解析】某样地 Simpson 优势度指数：

$$D=1-\left[\left(\frac{3}{32}\right)^2+\left(\frac{15}{32}\right)^2+\left(\frac{1}{32}\right)^2+\left(\frac{1}{32}\right)^2+\left(\frac{10}{32}\right)^2+\left(\frac{2}{32}\right)^2\right]\approx 0.67。$$

39. D 【解析】选项 A 错误，生态修复优先采用本地植物种，采用外来植物种可能会对当地生态环境造成负面影响。选项 B 错误，弃渣场边坡设计为 65°有滑坡风险。选项 C 错误，弃渣场应该设置在远离河漫滩的地方，以免对水环境造成污染。选项 D 正确，回用弃渣能够减少该项目弃渣对周边环境影响，属于废物利用措施。

40. D 【解析】避让优先：通过选址选线调整或局部方案优化避让生态敏感区；施工作业避让重要物种的繁殖期、越冬期、迁移洄游期等关键活动期和特别保护期；取消或调整产生显著不利影响的工程内容和施工方式等；优先采用生态友好的工程建设技术、工艺及材料等。

二、不定项选择题

41. BCD 【解析】工业企业噪声源强调查清单（室外声源）见下表。

序号	声源名称	型号	空间相对位置（m）			声源源强（任选一种）		声源控制措施	运行时段
			X	Y	Z	（声压级/距声源距离）[dB（A）]/m	声功率级[dB（A）]		
1	1# 设备	×××							

42. AB 【解析】列车运行噪声的作用时间采用列车通过的等效时间 t_{eq}，其近似值按下式计算：$t_{eq,i}=\frac{l}{v}\left(1+0.8\frac{d}{l}\right)$。式中，$t_{eq,i}$——第 i 类列车通过的等效时间，s；l——列车长度，m；v——列车运行速度，m/s；d——预测点到线路中心线的水平距离，m。

43. ABC 【解析】工业企业声环境保护目标调查表见下表。倒班宿舍位于厂界内，不属于严格意义上的保护目标。

序号	声环境保护目标名称	空间相对位置（m）			距厂界最近距离（m）	方位	执行标准/功能区类别	声环境保护目标情况说明（介绍声环境保护目标建筑结构、朝向、楼层、周围环境情况）
		X	Y	Z				
		−66	99	2				

44. ACD 【解析】风机房进出大门内侧的噪声级大小相关因素不选选项 B，进出大门外侧的噪声级大小相关因素要选择选项 B。$NR=L_1-L_2=TL+6$（NR 为室内外声级差，或称插入损失；TL 为窗户的隔声量；TL 和 NR 均和声波频率有关）；$L_{W2}=L_2(T)+10\lg S$（等效室外声源的声功率级；S 为透声面积）；$L_1=L_{W1}+10\lg\left(\frac{Q}{4\pi r_1^2}+\frac{4}{R}\right)$（$Q$ 指向性因数；通常对无指向性声源，当声源放在房间中心时，$Q=1$；当放在一面墙的中心时，$Q=2$；当放在两面墙夹角处时，$Q=4$；当放在三面墙夹角处时，$Q=8$；R 为房间常数，由房间内表面面积、平均吸声系数表示）

45. ABCD 【解析】机场航空器噪声预测参数包括：①跑道参数—跑道数量、构型及方向、相对位置关系描述，跑道工程参数；②航空业务量参数—年飞行架次数、日均飞行架次、机型组合比例；③飞行参数—平均起飞爬升梯度、平均进近梯度、起飞航迹第一转弯点前直线距离、转弯半径、起飞架次昼夜比例、降落架次昼夜比例。

46. AB 【解析】一个整体的长方形面声源（$b>a$），中心轴线上的几何发散声衰减可近似如下：预测点和面声源中心距离 $r<a/\pi$ 时，几何发散衰减 $A_{div}\approx0$；当 $a/\pi<$

$r<b/\pi$，距离加倍衰减 3dB 左右，类似线声源衰减，$A_{div}\approx 10\lg(r/r_0)$；当 $r>b/\pi$ 时，距离加倍衰减趋近于 6dB，类似点声源衰减，$A_{div}\approx 20\lg(r/r_0)$。其中面声源的 $b>a$。长方形面声源中心轴线上的衰减特性如下图所示，虚线为实际衰减量。

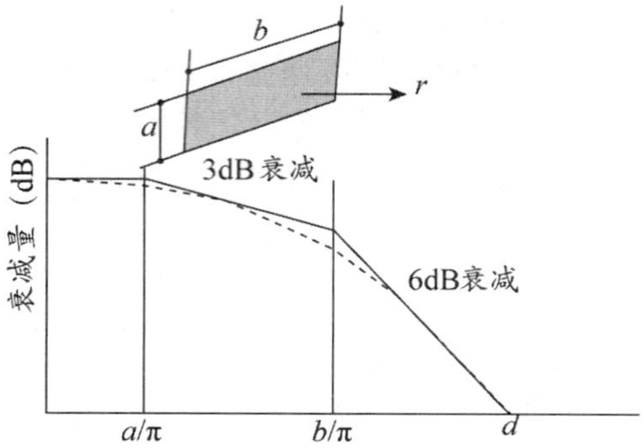

47. ABC 【解析】废气处理一定要降低污染物的排放浓度或者排放总量。选项 D 属于辅助工艺，不属于环境评价范畴的废气处理工艺。

48. AB 【解析】该题实际为判断危险废物属性，石油焦镍钒含量较高，燃烧后镍钒含量会进一步提高，所以灰渣为危险废物。注意，该题有迷惑项，灰渣的水溶液非浸出液，水溶液镍钒含量低但是浸出液（酸性溶液）镍钒含量高，所以根据灰渣浸出液镍钒含量判断灰渣属性时，灰渣仍为危险废物。

49. ABC 【解析】选项 D 错误，对环境保护目标才需要设空气质量监测点，对标环境质量标准；对厂界应设置无组织排放监测点，对标厂界无组织排放浓度。

50. BD 【解析】选项 A、C 与有毒有害物质火灾泄漏爆炸无关，即与环境风险无关。

51. C 【解析】选项 A 错误，液氨是氨加压变成液态，不是氨水，氨水是氨的水溶液，而且液氨很容易气化，可能污染空气，但是极难污染地下水，而且泄漏属于风险，而风险属于非长期的事件，污染物污染地下水需要漫长的时间，在风险中如无提示周边有饮用水水井或者有迅速污染地下水的潜在通道可以不考虑。选项 B 错误，液氨泄漏对人群的影响一般属于职业卫生和安全范畴，非环评考虑内容，且问环境危害，环境不包括人群。选项 C 正确，植被属于生态环境。选项 D 错误，泄漏非火灾爆炸，不会产生消防废水，但泄漏后的确有火灾的可能性，并且消防废水不属于环境危害，属于污染源。

52. ABC 【解析】选项 D 错误，非规划项目，不需要网格模型预测，也不需要区域网格模型的污染源排放清单。一级评价项目调查本项目不同排放方案有组织及无组织排放源，对于改建、扩建项目还应调查本项目现有污染源。本项目污染源调查包括正常排放和非正常排放，其中非正常排放调查内容包括非正常工况类别、频次、持续时间和排放量。调查本项目所有拟被替代的污染源（如有），包括被替代污染源名称、位置、排放污染物及排放量、拟被替代时间等。调查评价范围内与评价项目排放污染物有关的其他在建项目、已批复环境影响评价文件的拟建项目等污染源。对于编制报告书的工业项目，分析调查受本项目物料及产品运输影响新增的交通运输移动源，包括运输方式、新增交通流量、排放污染物及排放量。

53. ACD 【解析】一级评价项目调查内容：①调查项目所在区域环境质量达标情况，作为项目所在区域是否为达标区的判断依据；②调查评价范围内有环境质量标准的评价因子的环境质量监测数据或进行补充监测，用于评价项目所在区域污染物环境质量现状，以及计算环境空气保护目标和网格点的环境质量现状浓度。

54. C 【解析】监测点位图：在基础底图上叠加环境质量现状监测点位分布，并明确标示国家监测站点、地方监测站点和现状补充监测点的位置。但国家监测站点、地方监测站点是基本污染物数据来源于国家或地方监测网中的连续一年监测数据的情况，不是补充监测内容，而且补充监测图成图范围小，国家监测站点、地方监测站点可能很远，图面大小很难包括，所以选项 A、B 不符合题意。

55. AB 【解析】AERMOD 地表参数一般根据项目周边 3km 范围内的土地利用类型进行合理划分，或采用 AERSURFACE 直接读取可识别的土地利用数据文件。

56. BD 【解析】选项 A 错误，选取距项目最近的气象站评价基准年的逐时地面气象数据。选项 C 错误，原始地形数据分辨率不得小于 90m。

57. D 【解析】包气带深度超过 100m 需要调查包气带。

58. ABCD 【解析】地下水环境风险防范应重点采取源头控制和分区防渗措施，加强地下水环境的监控、预警，提出事故应急减缓措施。针对主要风险源，提出设立风险监控及应急监测系统，实现事故预警和快速应急监测跟踪，提出应急物资、人员等的管理要求。

59. BD 【解析】跟踪监测因子和现状监测因子（基本水质因子和特征水质因子）浓度需要长期监测。

60. CD 【解析】根据《土壤环境质量 农用地土壤污染风险管控标准（试行）》（GB 15618—2018），选项 C、D 中 Cr 的增加量，均会超过或达到风险筛选值，需要进一步管控。

61. ACD 【解析】各种阀门、法兰、罐体、排放管会产生有机物的无组织排放，但输油管道是焊接或无缝隙的，不识别污染物排放。

62. BC 【解析】选项 A 错误，应降低烟气在高温区的停留时间，排烟温度不考虑。选项 B 正确，低氮燃烧器＋SCR 脱硝可以控制废气。选项 C 正确，降低反应炉膛温度可以减少热力型氮氧化物生成。选项 D 错误，活性炭适合有机物、恶臭物质和重金属的控制。

63. AD 【解析】选项 B 错误，汽油在常温下本身就具有高挥发性，不适合常温吸收法处理。选项 C 错误，VOCs 不可以不经治理措施直接或稀释排放。

64. ABCD 【解析】污水处理的二次污染物从形态上只分为废气和污泥，非废气都识别为污泥。

65. AB 【解析】选项 C 不符合题意，管廊上铺设的污水管线为架空铺设，储量小且容易发现。选项 D 不符合题意，装置操作室内无污染源。

66. AB 【解析】防止对大气和地下水、土壤产生影响，废矿物油储存设施需要密闭加防渗。

67. BC 【解析】硬化层、岩石层不属于土壤层，无需采样。

68. BD 【解析】选项 A 不符合题意，应为含铬废水车间排放口或车间污水处理设施排放口。选项 C 不符合题意，含铁废水车间排放口不属于一类污染物，不需要检测。

69. ABC 【解析】选项 D 为地表水环境影响分析中的点源。

70. ABCD 【解析】应调查的海域资料包括水文情势资料和水资源开发利用资料。近海海域水文情势调查内容包括水温、盐度、泥沙、潮位、流向、流速、水深等，潮汐性质及类型，潮流、余流性质及类型，海岸线、海床、滩涂、海岸蚀淤变化趋势等。水资源开发利用资料包括调查城市、工业、农业、渔业、水产养殖业、水域景观等各类用水现状与规划（包括用水时间、取水地点、取用水量等），各类用水的供需关系（包括水权等）、水质要求和渔业、水产养殖业等所需的水面面积。

71. ABC 【解析】垂向一维数学模型适用于模拟预测水温在面积较小、水深较大的水库或湖泊水体中，除太阳辐射外没有其他热源交换的状况。水温数学模型的基本方程为：$\frac{\partial T}{\partial t}+\frac{1}{A}\frac{\partial}{\partial z}(wAT)=\frac{1}{A}\frac{\partial}{\partial z}(AE_{tz}\frac{\partial T}{\partial z})+\frac{B}{A}(u_i T_i-u_0 T)+\frac{1}{\rho C_p A}\frac{\partial(\varphi A)}{\partial z}$。式中，$T$——$t$ 时刻、z 高度处的水温，℃；w——垂向流速，m/s；E_{tz}——水温垂向扩散系数，m^2/s；u_i——入流流速，m/s；u_0——出流流速，m/s；T_i——入流水温，℃；ρ——水的密度，kg/m^3；φ——太阳热辐射通量，J/（m^2·s）；z——笛卡尔坐标系 Z 向的坐标，m。

72. AB 【解析】厌氧消化法和阶段曝气法属于生物脱水方法。

73. CD 【解析】含油污泥属于危险废物，不能按照一般废物焚烧或者按照一般固废填埋。

74. BD 【解析】序批式活性污泥法（SBR）适用于建设规模为Ⅱ类、Ⅳ类、Ⅴ类的污水处理厂和中小型废水处理站，适合于间歇排放工业废水的处理。SBR 反应池的数量不应少于两个。SBR 以脱氮为主要目标时，应选用低污泥负荷、低充水比；以除磷为主要目标时，应选用高污泥负荷、高充水比。

75. ABD 【解析】施工粉尘遮挡植物影响其光合作用属于弱影响程度等级，施工期属于暂时性影响，不会影响其难以生长。

76. ABC 【解析】大型哺乳动物大部分属于昼行性动物，早晨或黄昏调查不便。对于夜行性动物如猫科动物，适合在早晨或黄昏时进行。

77. AC 【解析】样点法适合在崎岖的山地或片段化的生境中使用。分区直数法适用于较小面积的草原或湿地，主要应用于水鸟或其他集群鸟类的观测。样线法又分为不限宽度、固定宽度和可变宽度 3 种方法。不限宽度样线法即不考虑鸟类与样线的距离，固定宽度样线法即记录样线两侧固定距离内的鸟类，可变宽度样线法需记录鸟类与样线的垂直距离。

78. ABCD 【解析】标记鱼的回捕分四类：①发布消息，有偿回收；②渔获物调查；③放流水域周边乡镇的集市上进行访问调查；④自主采样。选项 A 属于自主采样，选项 D 属于渔获物调查。

79. ABC 【解析】类比工程的选择需考虑的因素：①类比的项目性质相当：项目的工程性质、工艺、规模相当。②生态因子（地理、地质、气候、生物因素等）相似。③项目建成已有一定时间，所产生的影响已基本全部显现。④类比对象确定后，需选择和确定类比因子及指标，并对类比对象开展调查与评价，再分析拟建项目与类比对象的差异。根据类比对象与拟建项目的比较，做出类比分析结论。

80. C 【解析】选项 A 错误，供水工程属于大型民生项目，无法取消。选项 B 错误，砍伐不属于环保措施。选项 D 错误，新建的水库将淹没红椿，无法就地保护。

准考证号：__________

考生姓名：__________

工作单位：__________

2022 年全国环境影响评价工程师
职业资格考试

环境影响评价技术方法

考生注意事项

1. 答题前，考生须在试题册指定位置上填写工作单位、考生姓名和准考证号；在答题卡指定位置上填写考生姓名和准考证号，并涂写准考证号信息点。
2. 选择题的答案必须涂写在答题卡相应题号的选项上，非选择题的答案必须书写在答题卡指定位置的边框区域内。超出答题区域书写的答案无效；在草稿纸、试题册上答题无效。
3. 填（书）写部分必须使用黑色字迹签字笔或者钢笔书写，字迹工整、笔迹清楚；涂写部分必须使用 2B 铅笔填涂。
4. 考试结束，将答题卡和试题册按规定交回。

一、单项选择题（共 40 题，每题 1 分。每题的备选项中，只有 1 个最符合题意）

1. 某拟建风电场项目噪声环境影响评价中，保护目标处噪声现状监测值为 45.0dB（A），预测值为 48.0dB（A），该风电场在声环境保护目标处的贡献值是（　　）dB（A）。

A. 42.0　　B. 45.0　　C. 46.5　　D. 48.0

2. 某拟建城市轨道交通项目，其地面段评价范围内声环境保护目标密集，且受两条城市道路影响，若利用道路交通模型计算值作为声环境保护目标现状噪声值，则代表点计算值和实测值的差值最大允许为（　　）dB。

A. 3.0　　B. 3.5　　C. 4.0　　D. 4.5

3. 某拟建线性工程，声环境保护目标与项目现状评价关系图的最小比例尺是（　　）。

A. 1∶5 000　　B. 1∶10 000　　C. 1∶15 000　　D. 1∶20 000

4. 某拟建四车道公路项目近期设计车流量为 200 辆/h，预测点距离道路中心线 15m，该项目采用公路交通运输噪声预测模型预测该点的距离衰减量为（　　）dB。

A. 3.0　　B. 4.5　　C. 4.8　　D. 7.2

5. 拟建电厂风机房一侧墙面向外辐射噪声，其墙面长度×高度为 12.2m×9.1m，墙面中心轴线上可以用点声源预测模型进行预测的最小距离是（　　）m。

A. 1.9　　B. 3.9　　C. 9.1　　D. 12.2

6. 某汽车厂冲压车间窗户长度×宽度为 50m×2m，窗户对 500Hz 倍频带隔声量为 24.0dB，车间内距窗户 1m 处 500Hz 倍频带声压级为 82.0dB，窗户向外辐射的 500Hz 倍频带声功率级是（　　）dB。

A. 52.0　　B. 58.0　　C. 72.0　　D. 78.0

7. 某高速公路拟建声屏障高 4.65m，与最近的车道中心线距离 4.65m，拟采用直接法测量声屏障声学性能，参考位置应位于（　　）。

A. 声屏障正上方 0.5m 处　　B. 声屏障正上方 1.2m 处

C. 声屏障正上方 1.5m 处　　D. 声屏障正上方 2.0m 处

8. 下图是某有机产品生产物料流向及产品排污环节简图，其中用于核算该过程中废气污染物产生量的是（　　）。

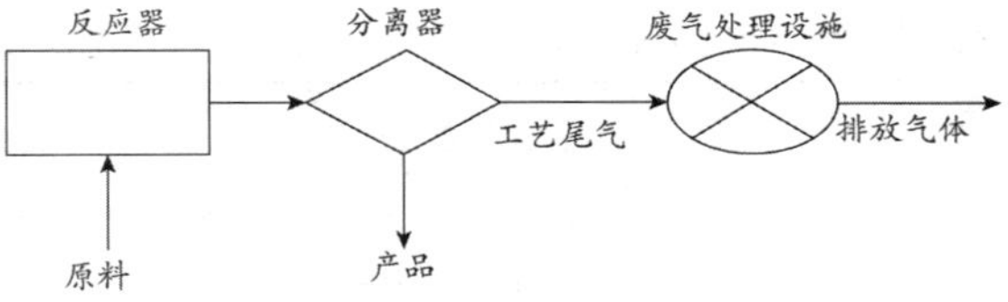

A. 原料　　B. 工艺尾气　　C. 产品　　D. 排放气体

9. 下列地点中，适合建设生活垃圾集中焚烧处理厂的是（　　）。

A. 长江流域蓄滞洪区　　B. 渤海西海岸海滩地区

C. 远离环境敏感目标且地质条件稳定的区域　　D. 饮用水水源涵养区

10. 某污水接触氧化处理设施的有效容积为 2 000m^3，进水流量为 300m^3/h，进水 COD 浓度为 150mg/L，出水 COD 浓度为 70mg/L。该设施的 COD 有效容积去除负荷是（　　）kg/m^3·d。

A. 0.288　　B. 0.252　　C. 1.088　　D. 1.440

11. 某建设项目对土壤环境产生污染的因子有汞，评价范围内现有企业中，涉及汞污染因子的土壤影响源的是（　　）。

A. 木材加工厂　　B. 汽车加油站

C. 生活垃圾焚烧发电厂　　D. 钢制设备机械加工厂

12. 下列适用于静电除尘器除尘的是（　　）。

A. 燃煤锅炉烟气　　B. 聚丙烯粉料仓废气

C. 汽车喷涂车间废气　　D. 铝质轮毂抛光车间废气

13. 下列属于生态处理技术的是（　　）。

A. 臭氧氧化　　B. V 型生物滤池

C. 人工湿地　　D. 厌氧生物处理设施

14. 下列固体废物中，适宜直接焚烧处理的是（　　）。

A. 城市生活垃圾　　B. 建筑垃圾

C. 废电路板垃圾　　D. 含水 98%的生化污泥

15. 某建设项目工业新鲜水取水量为 530m^3/h，总循环水量为 112 290m^3/h，循环水系统的补水为脱盐水。污水处理站回用水处理系统的脱盐水制备规模为 182m^3/h，其中 60m^3/h 脱盐水用于补充循环水系统，其余 122m^3/h 脱盐水回用于工艺装置，则该项目水重复利用率是（　　）。

A. 0.47%　　B. 34.34%　　C. 49.18%　　D. 99.53%

16. 某建设项目拟新建海水直流冷却系统，取水设计规模为 16 000m^3/h，悬浮物按 150mg/L 考虑，供水设计温度为 33℃，直流冷却系统排水温度为 43℃，取水经沉淀处理，污泥脱水外运。该项目直流冷却系统排水的主要评价因子是（　　）。

A. 水量　　B. 水温　　C. 沉淀污泥　　D. 盐度

17. 某石化项目配套的原油码头库区拟建 12 座共 10 万 m^3的原油储存罐区，为满足土壤污染风险管控要求，拟在库区及周围设置 15 个土壤现状监测点，其中 8 个为柱状点，土壤现状监测应选择的特征因子是（　　）。

A. pH 值　　B. 石油烃　　C. 四氯化碳　　D. 苯胺

18. 某生活垃圾焚烧厂为减少二噁英的排放，烟气净化系统在脱酸塔和袋式除尘器之间设置吸附剂喷射设施，应喷入的吸附剂是（　　）。

A. 氯气　　B. 石灰水　　C. 活性炭粉　　D. 尿素

19. 某建设项目拟采用 $V_{总}=(V_1+V_2-V_3)\max+V_4+V_5$ 公式核算项目事故废水终端收集池的容积。可能发生事故的罐组或装置的物料量和相应的消防水量核算结果见下表，事故对可转输到其他存储或处理设施的物料量 $V_3=0$ 考虑，按表中数据，$(V_1+V_2-V_3)\max$ 的取值应该是（　　）m^3。

装置或罐区	V_1 物料量（m^3）	V_2 消防水量（m^3）
装置 1	56	17 280
装置 2	389	17 280
原料储罐	1 000	2 592
中间罐 1	300	2 592
中间罐 2	450	2 592
中间罐 3	500	1 944

A. 2 892　　B. 3 592　　C. 17 669　　D. 18 280

20. 某油品泄漏事故情形设定储罐防火堤内形成液池火灾，液池的有效面积为 2 357.1m^2，油品在液池里燃烧速率为 0.044 5kg/（m^2·s）。油品火灾次生的一氧化碳释放量估算，取碳含量 85%，化学不完全燃烧值 5%，该事故情形一氧化碳产生的源强是（　　）kg/s。

A. 10.39　　B. 12.22　　C. 207.74　　D. 244.39

21. 某河段水体溶解氧的实测浓度为 6mg/L，地表水溶解氧标准限值为 5mg/L，饱和溶解氧的浓度为 9mg/L，该河段溶解氧的标准指数是（　　）。

A. 0.75　　B. 0.83　　C. 0.92　　D. 1.20

22. 某建设项目拟排废水入湖，对该湖泊溶解氧补充监测时，两次取样间隔时间为（　　）h。

A. 4　　B. 6　　C. 8　　D. 12

23. 某建设项目向河流排放废水，水质预测模型适用 $C=C_0\exp(-kx/u)$，废水排放量为 $0.02m^3/s$，COD 浓度为 50mg/L，河水流量为 $3m^3/s$，流速为 0.5m/s，上游 COD 浓度为 16mg/L，COD 的降解系数为 0.1/d，该排放点下游 2km 处的 COD 浓度为（　　）mg/L。

A. 16.22　　B. 16.15　　C. 33.40　　D. 40.60

24. 某湖泊面积较小、水深较大，除太阳辐射外没有其他热源交换，预测该湖泊水温时应采用的模型为（　　）。

A. 垂向一维数学模型　　B. 湖泊均匀混合模型

C. 纵向一维数学模型　　D. 平面二维数学模型

25. 选用高污泥负荷、高充水比序批式活性污泥法（SBR）去除的目标污染物主要是（　　）。

A. 氮　　B. 锰　　C. 铜　　D. 磷

26. 某地下水监测井井筒中水量为 $1.5m^3$，采用潜水泵或离心泵对采样井（孔）进行全井孔清洗，抽汲的水量最低为（　　）m^3。

A. 1.5　　B. 3.0　　C. 4.5　　D. 6.0

27. 下列地下水环境现状监测项目中，应在现场测定的是（　　）。

A. pH 值　　B. 氨氮　　C. 耗氧量　　D. 硝酸盐

28. 地下水环境影响预测模型中，水文地质参数初始值的确定，应考虑含水层介质岩性。下列岩性按渗透系数大小的排序中，正确的是（　　）。

A. 卵石＞粗砂＞细砂＞亚黏土　　B. 卵石＞亚黏土＞细砂＞粗砂

C. 卵石＞细砂＞亚黏土＞粗砂　　D. 细砂＞粗砂＞卵石＞亚黏土

29. 某油库油罐泄漏事故风险情景设定为油罐出料管口破裂，环境风险预测时其排放规律可以概化为（　　）。

A. 面源排放　　B. 点源排放　　C. 瞬时排放　　D. 恒定排放

30. 地下水水质评价时，关于标准指数数值的判定，正确的是（　　）。

A. 标准指数＞1，表明该水质因子在地下水中已超标

B. 标准指数＞1，表明该水质因子污染了地下水

C. 标准指数＜1，表明该水质因子在地下水中已超标

D. 标准指数＜1，表明该水质因子污染了地下水

31. 某拟建生活垃圾填埋场开展土壤环境影响预测，应选用的模型是（　　）。

A. 一维非饱和溶质运移模型　　B. 一维饱和溶质运移模型

C. 二维饱和溶质运移模型　　D. 二维非饱和溶质运移模型

32. 下列水文地质试验中，可用于测定包气带渗透性能及防污性能的是（　　）。

A. 抽水试验　　B. 注水试验　　C. 渗水试验　　D. 浸溶试验

33. 某拟建项目位于城市区域，排放的主要污染物有颗粒物、SO_2、NO_2、NH_3 和 H_2S，大气环境影响评价等级为一级，评价收集了项目所在区域环境空气质量监测网中评级基准年一年的 SO_2、NO_2、PM_{10}、$PM_{2.5}$、CO 和 O_3 六项污染物监测数据，并进行了 NH_3 和 H_2S 的补充监测，判定该项目所在区域环境空气质量为达标区的依据是（　　）。

A. 补充监测的 NH_3 和 H_2S 达标

B. SO_2、NO_2、PM_{10}、$PM_{2.5}$、NH_3 和 H_2S 达标

C. 主要污染物 SO_2、NO_2、PM_{10}、$PM_{2.5}$ 达标

D. SO_2、NO_2、PM_{10}、$PM_{2.5}$、CO 和 O_3 达标

34. 某钢铁项目拟实施产能置换升级改造，大气环境影响评价范围内有村庄，并涉及一

风景名胜区。该项目环境保护目标调查表中应给出的内容是（　　）。

A. 村庄中心坐标　　B. 厂址中心坐标

C. 村庄中心距厂址中心距离　　D. 风景名胜区边界至厂界最近距离

35. 利用估算模型 AERSCREEN 计算大气环境影响评价等级时，不需要输入的参数是（　　）。

A. 城市/农村选项　B. 静风频率　C. 土地利用类型　D. 地形参数

36. 某建设项目年排放 SO_2 200t、NO_x 340t、VOCs 1 700t，选用模型模拟法预测二次 $PM_{2.5}$ 的推荐模型为（　　）。

A. AERMOD 模型　　B. ADMS 模型

C. CMAQ 模型　　D. CALPUFF 模型

37. 某水库项目在进行生态影响评价因子筛选时，下列生态影响中，属于间接生态影响的是（　　）。

A. 水库蓄水淹没库区植被

B. 大坝阻隔鱼类洄游通道

C. 工程施工噪声干扰工区边缘动物栖息

D. 库岸浸没导致地下水水位上升，使周边区域植物群落发生变化

38. 某项目采用 3S 叠图法，下列关于其工作底图要求的说法，正确的是（　　）。

A. 工作底图应采用植被类型图　　B. 工作底图范围应大于评价范围

C. 工作底图应采用土地利用图　　D. 工作底图范围应小于评价范围

39. 某生态项目采用生物多样性评价法，表征物种多样性的评价指标是（　　）。

A. 蔓延度指数　　B. 香农多样性指数

C. 综合影响评价指数　　D. 香农-威纳多样性指数

40. 土层薄弱但有植被，关于开挖区表土处理的说法，正确的是（　　）。

A. 应与工程其他土统一存放并做好防护措施

B. 为节约资源，应集中收集后外售作建材或其他综合利用材料

C. 为做好土石方挖填平衡，应充分利用表土作工程填方料

D. 应对表土进行剥离，单独堆存，施工结束后回用于植被修复

二、不定项选择题（共 40 题，每题 2 分。每题的备选项中，至少有 1 个符合题意。多选、错选、少选均不得分）

41. 在忽略风机噪声指向性的情况下，关于风机噪声源强评价量的说法，正确的有（　　）。

A. A 声级　　B. A 声功率级

C. 距离风机 1.0m 处的 A 声级　　D. 距离风机 1.0m 处的 A 声功率级

42. 某新建城市轨道交通项目，声环境保护目标调查的内容有（　　）。

A. 与线路位置关系　　B. 声环境功能区划

C. 距近侧线路水平距离　　D. 与轨面高差

43. 某机械加工项目声环境影响评价为一级评价，现状调查一般应给出的现状评价图有（　　）。

A. 厂区平面布置图　　B. 声环境功能区划图

C. 声环境保护目标分布图　　D. 现状监测布点图

44. 下列户外声传播衰减项中，与频率无关的有（　　）。

A. 隔声屏障衰减　　B. 空气吸收衰减

C. 几何发散衰减　　D. 绿化林带衰减

45. 某拟建燃气电厂项目环境影响评价，声环境保护目标噪声预测值和背景值相差 6.5dB（A），下列说法中，正确的有（　　）。

A. 现状值与背景值相同　　B. 现状值大于背景值

C. 预测值与贡献值相同　　D. 预测值大于贡献值

46. 某拟建城市轨道交通项目，某地面声环境保护目标处噪声超标 8.3dB（A），可采取的噪声防治措施有（　　）。

A. 设置隔声屏障　　B. 设置减振轨道

C. 列车快速通过　　D. 敏感建筑物安装隔声窗

47. 下列废气排放源中，属于点源的有（　　）。

A. 60m 高燃气锅炉烟囱　　B. 40m 高燃气工艺加热炉排气筒

C. 15m 高围挡敞开式地面火炬　　D. 2m 高的敞开式废水处理接触氧化池

48. 下列大气污染源中，属于体源的有（　　）。

A. 焦炉炉体　　B. 高炉出铁场

C. 原煤堆场　　D. 电解铝车间天窗

49. 下列资料可用于判定某石化项目丙烯腈装置工艺废气污染物的有（　　）。

A. 环境空气质量现状监测资料　　B. 大气污染物综合排放标准

C. 石油化学工业污染物排放标准　　D. 丙烯腈生产工艺说明资料

50. 固体废物填埋场的组成应包括（　　）。

A. 渗滤液收集系统　　B. 环境监测系统

C. 填埋气体收集系统　　D. 防渗系统

51. 某燃煤电厂烟气采用 CEMS 监测时，监测结果应包含监测点的烟气参数有（　　）。

A. 烟气流量　　B. 烟气温度和压力

C. 烟气含氧量　　D. 烟气湿度

52. 某陆上油田集输站原油脱水处理单元生产流程的生产废水产生环节有（　　）。

A. 储油罐　　B. 一级三相分离器

C. 二级三相分离器　　D. 原油稳定

53. 某炼油企业扩建项目进行大气环境影响评价，适用于改扩建项目无组织挥发性有机物排放量核算的方法有（　　）。

A. 实验法　　B. 实测法　　C. 类比法　　D. 物料衡算法

54. 水泥窑焚烧温度为 1 100℃，水泥窑窑尾烟气中的氮氧化物脱硝可采用的工艺技术有（　　）。

A. SCR（选择性催化还原）　　B. SNCR（选择性非催化还原）－SCR

C. 碱洗脱酸降温＋SCR　　D. 水洗＋活性炭＋SCR

55. 某烧碱聚氯乙烯建设项目，循环水站、脱盐水站、烧碱装置等产生的废水经厂内无机废水处理站预处理后送至园区污水处理厂；氯乙烯装置、聚氯乙烯装置、聚乙烯罐区等产生的废水经厂内有机废水处理站预处理后送至园区污水处理厂；生活污水经化粪池处理后送入有机废水处理站；厂区雨水经北侧雨水收集池送至市政雨排水管网。该项目监测计划中应包含的监测点位有（　　）。

A. 有机废水处理站排放口　　B. 生活污水化粪池排放口

C. 无机废水处理站排放口　　D. 雨水收集池排放口

56. 环境风险评价时，生产系统危险性识别应考虑（　　）。

A. 事故触发因素　　B. 生产系统设置

C. 生产工艺危险特点　　D. 工艺系统危险物质的最大存在量

57. 某甲醇生产装置主要危险单元及危险物料见下表，该装置环境风险事故类型有（　　）。

生产装置	危险单元	危险物料
甲醇装置	甲醇蒸发器	甲醇
	反应器	甲醇、甲醛

续表

生产装置	危险单元	危险物料
甲醇装置	吸收塔	甲醛
	甲醛溶液储罐	甲醛
	甲醛输送管道	甲醛

A. 甲醇爆炸事故　　B. 反应器火灾事故
C. 甲醛储罐泄漏事故　　D. 甲醛输送管道破裂事故

58. 废弃铅酸蓄电池可回收利用的资源有（　　）。
A. 废塑料壳　　B. 废铅膏　　C. 废铅栅　　D. 废电解液

59. 某水污染型项目废水排入附近河流，地表水现状调查时，该河流水文情势调查内容包括（　　）。
A. 特征水文参数　　B. 不利水文条件
C. 水文年及水期划分　　D. 水动力学参数

60. 项目废水排入附近河流，对排放口下游溶解氧转换过程进行定量分析，需要的参数有（　　）。
A. 耗氧系数　　B. 复氧系数　　C. COD 浓度　　D. BOD 浓度

61. 某建设项目拟向内陆河流排放废水，下列可作为该河流地表水环境影响预测的设计水文条件有（　　）。
A. 90%保证率最枯月流量　　B. 近 10 年最枯月平均水位
C. 近 10 年最枯月平均流量　　D. 近 20 年最枯月平均水位

62. 下列属于采用生物接触氧化工艺处理的废水有（　　）。
A. 低浓度的生活污水　　B. 肉类加工废水
C. 磷铁矿尾矿库渗滤液　　D. 电厂脱硫废水

63. 下列属于膜分离技术的有（　　）。
A. 微滤　　B. 纳滤　　C. 超滤　　D. 砂滤

64. 土壤盐化影响因素分析需要考虑的因素有（　　）。
A. 地下水位埋深　　B. 地下水溶解性总固体
C. 土壤质地　　D. 土壤结构

65. 地下水潜水水位测量时，必须测量的项目有（　　）。
A. 监测井地面高程　　B. 监测井深度
C. 监测井潜水埋藏深度　　D. 监测井潜水深度

66. 某项目开展地下水环境影响预测，其预测模型概化应包括（　　）。
A. 水文地质条件概化　　B. 污染源概化
C. 水文地质参数初始值的确定　　D. 预测情形确定

67. 地下水污染防渗分区应考虑的因素有（　　）。
A. 天然包气带防污性能　　B. 污染控制难易程度
C. 污染物特性　　D. 污染物产生量

68. 北方某微咸水灌区土壤环境影响可能有（　　）。
A. 盐化　　B. 石漠化　　C. 碱化　　D. 沙化

69. 某城镇生活污水处理厂扩建并新增污泥焚烧装置，环境空气现状评价时，应补充监测的污染物有（　　）。
A. 硫化氢　　B. 氨
C. 苯并芘　　D. 二噁英

70. 某拟建项目排放的大气污染物有基本污染物和其他污染物，在进行环境影响评价时，其他污染物环境质量现状评价内容应包括（　　）。

A. 达标情况　　B. 污染物评价标准

C. 污染物最大浓度占标率　　D. 年评价指标及对应的现状浓度

71. 某拟建项目应编制环境影响报告书，该项目距最近的城市规划区边界为 5.1km，距海岸线 2.5km，采用估算模型 AERSCREEN 计算项目排放大气污染物的最大 1h 空气质量浓度时，应考虑的参数有（　　）。

A. 人口数　　B. 土地利用类型

C. 最高环境温度　　D. 岸线熏烟

72. 某热联电产项目拟采用"烟塔合一"排烟方案，选用 AUSTAL2000 模型进行大气环境影响预测时，应输入的气象参数有（　　）。

A. 地面风向风速　　B. 地面相对湿度

C. 高空气象数据　　D. 大气稳定度

73. 拟建项目可能影响某湿地特有鸟类栖息地，下列因子中，可作为生态影响评价因子的有（　　）。

A. 生境质量　　B. 生境面积　　C. 森林覆盖率　　D. 干扰指数

74. 制定陆生维管植物调查方案时，通常应准备的观测区域资料有（　　）。

A. 气候资料　　B. 土壤类型图

C. 植被类型图　　D. 动植物区系资料

75. 在应用分区直数法对鸟类进行调查时，其适用的区域有（　　）。

A. 较大面积的森林　　B. 较小面积的草原

C. 较大面积的湿地　　D. 较小面积的湿地

76. 某建设项目环境影响可能涉及古树名木，现状调查结果至少包含（　　）。

A. 盖度　　B. 树龄　　C. 生长状况　　D. 树种名称

77. 景观生态学评价法中，可用于分析景观变化的方法有（　　）。

A. 定性描述法　　B. 生境评价法

C. 景观生态图叠置法　　D. 景观动态的定量化分析法

78. 关于生态影响评价图件的说法，正确的有（　　）。

A. 涉及生态保护红线时，不可分幅成图

B. 成图精度要求比例尺一般小于 1∶50 000

C. 图件基础数据应选择与评价基准时段相匹配的数据源

D. 当成图范围过大时，可采用点线面相结合的方式分幅成图

79. 采用生态机理分析法进行生态影响评价时，应开展的工作有（　　）。

A. 预测项目建成后该地区动物、植物生长环境的变化

B. 调查植物和动物分布，动物栖息地和迁徙、洄游路线

C. 根据项目建成后的环境变化，预测建设项目对个体、种群和群落的影响

D. 通过定性分析或定量方法对指标赋值或分级，依据指标进行区域划分并将区划信息绘制成图

80. 拟建公路项目可能对某种国家重点保护野生动物及其生境造成不利影响，应采取的生态保护措施有（　　）。

A. 实施迁地保护并加强种群观测

B. 施工临时占地尽量减少占用该物种生境

C. 对被道路分割的该物种生境构建动物活动廊道

D. 优化工程施工方案，主要施工期避开该物种的繁殖期

参考答案及解析

一、单项选择题

1. B 【解析】噪声贡献值＝10lg（$10^{48.0\times 0.1}-10^{45.0\times 0.1}$）＝45.0［dB（A）］。

2. A 【解析】当现状噪声声源复杂且声环境保护目标密集，在调查声环境质量现状时，可考虑采用现场监测结合模型计算法。利用监测或调查得到的噪声源强及影响声传播的参数，采用各类噪声预测模型进行噪声影响计算，将计算结果和监测结果进行比较验证，计算结果和监测结果在允许误差范围内（≤3.0dB）时，可利用模型计算其他声环境保护目标的现状噪声值。

3. A 【解析】线性工程声环境保护目标与项目关系图比例尺应不小于1∶5 000，机场项目声环境保护目标与项目关系图底图应采用近3年内空间分辨率不低于5m的卫星影像或航拍图，声环境保护目标与项目关系图不应小于1∶10 000。

4. B 【解析】该项目近期设计车流量为200辆/h，其小时车流量小于300辆/h，$\Delta L_{距离}$＝15lg（7.5/r）＝15lg（7.5/15）＝－15lg2≈－15×0.3＝－4.5（dB），即距离衰减量为4.5dB。

5. B 【解析】作为一个整体的长方形面声源（墙面）［长（b）＞高（a）］，中心轴线上预测点和面声源中心距离$r>b/\pi$时，该声源可近似为点声源，由此可知，预测的最小距离＝12.2/π≈3.9（m）。

6. C 【解析】根据室内和室外声级差公式$NR=L_1-L_2=TL+6$，可得$L_2=L_1-(TL+6)=82-(24+6)=52$（dB），则窗户向外辐射的500Hz倍频带声功率级$L_{w2}=L_2+10\lg S=52+10\lg(50\times 2)=72$（dB）。

7. D 【解析】当离声屏障最近的车道中心线与声屏障之间的距离D＜15m时，参考点的位置应在声屏障的平面正上方，并保证离声屏障最近的车道中心线与参考位置、声屏障顶端的连线夹角为10°（如下图所示）。

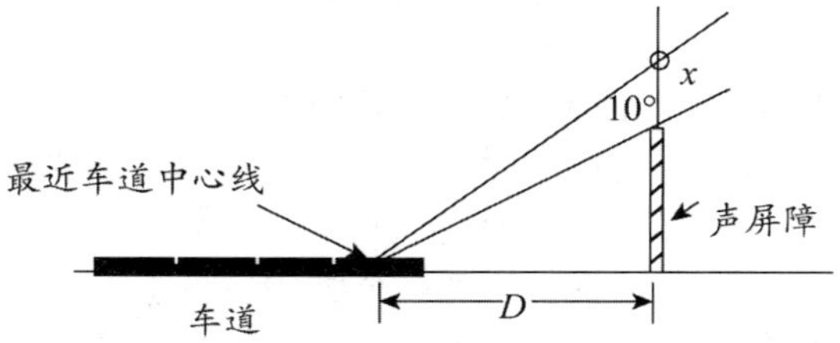

由图可知，tan（45°＋10°）＝（4.65＋x）/4.65≈1.43，解得x＝2（m）。

8. B 【解析】污染物产生量是指污染源某种污染物生成的数量。污染源源强的核算基本要求是根据污染物产生环节、产生方式和治理措施，核算建设项目正常工况和非正常工况（开车、停车、检维修等）的污染物排放量，一方面要确定污染源的主要排放因子，另一方面需要明确污染源的排放参数和位置。因此，核算该过程中废气污染物产生量的是工艺尾气，即根据原料投入量及产污系数核算出废气污染物排放量，或者根据原料投入量结合化学反应式通过物料平衡核算。

9. C 【解析】焚烧厂选址应具备满足工程建设要求的工程地质条件和水文地质条件。焚烧厂不应建在受洪水、潮水或内涝威胁的地区，必须建在上述地区时，应有可靠的防洪、排涝措施。应有可靠的电力供应和供水水源，并需考虑焚烧产生的炉渣及飞灰的处理处置和污水处理及排放条件。应依据环境影响评价结论确定生活垃圾焚烧厂厂址的位置及其与周围人群的距离。经具有审批权的生态环境主管部门批准后，这一距离可作为规划控制的依据。

10. A **【解析】**该设施的COD有效容积去除负荷＝$300\times10^3\times24\times(150-70)\times10^{-6}/2\ 000=0.288\ (kg/m^3\cdot d)$。

11. C **【解析】**应调查与建设项目产生同种特征因子（主要指建设项目产生或相关的特有因子）或造成相同土壤环境影响后果的影响源。生活垃圾焚烧发电厂排放烟气中含汞及其化合物。

12. A **【解析】**静电除尘器属高效除尘设备，用于处理大风量的高温烟气，适用于捕集电阻率在$1\times10^4\sim5\times10^{10}\ \Omega\cdot cm$范围内的粉尘。燃煤电厂采用循环流化床燃煤锅炉，燃烧过程中投加石灰石，烟气采用静电除尘器或袋式除尘器净化。选项B、C、D属于气态污染物，气态污染物的净化只能利用污染物与载气物理或者化学性质的差异（沸点、溶解度、吸附性、反应性等），实现分离或者转化，常用的方法有吸收法、吸附法、催化法、燃烧法、冷凝法、膜分离法和生物净化法等。

13. C **【解析】**生态处理技术包括土地处理和人工湿地。选项A属于化学处理技术；选项B、D属于生物处理技术。

14. A **【解析】**焚烧适用于处理可燃、有机成分较多、热值较高的固体废物，如城市生活垃圾、农林固体废物等。

15. D **【解析】**该项目水重复利用率＝重复利用水量/（重复利用水量＋取用新水量）×100%＝（112 290＋182）/［（112 290＋182）＋530］×100%≈99.53%。

16. B **【解析】**水污染影响型建设项目评价因子的筛选应符合的要求包括：①按照污染源源强核算技术指南，开展建设项目污染源与水污染因子识别，结合建设项目所在水环境控制单元或区域水环境质量现状，筛选水环境现状调查评价与影响预测评价的因子；②行业污染物排放标准中涉及的水污染物应作为评价因子；③在车间或车间处理设施排放口排放的第一类污染物应作为评价因子；④水温应作为评价因子；⑤面源污染所含的主要污染物应作为评价因子；⑥建设项目排放的，且为建设项目所在控制单元的水质超标因子或潜在污染因子（指近3年来水质浓度值呈上升趋势的水质因子），应作为评价因子。

17. B **【解析】**污染影响型建设项目应根据环境影响识别出的特征因子选取关键预测因子。本项目涉及石油烃无组织排放或可能的原油泄漏污染土壤，其土壤现状监测应选择石油烃作为特征因子。

18. C **【解析】**对烟气中重金属和二噁英去除时，在脱酸设备和袋式除尘器之间应设置吸附剂的喷入装置，喷入活性炭或其他多孔性吸附剂，也可在布袋除尘器后设置活性炭或其他多孔性吸附剂吸收塔（床）或者催化反应塔。

19. C **【解析】**装置1、装置2、原料储罐、中间罐1、中间罐2、中间罐3的$V_1+V_2-V_3$的值分别为17 336m^3、17 669m^3、3 592m^3、2 892m^3、3 042m^3、2 444m^3，取最大值17 669m^3。

20. A **【解析】**根据公式，油品火灾伴生/次生一氧化碳产生量$G_{一氧化碳}=2\ 330qCQ$，式中：$G_{一氧化碳}$——一氧化碳的产生量，kg/s；q——化学不完全燃烧值，取1.5%～6.0%；C——物质中碳的含量，取85%；Q——参与燃烧的物质量，t/s。$G_{一氧化碳}=2\ 330\times5\%\times85\%\times2\ 357.1\times0.044\ 5\times10^{-3}\approx10.39\ (kg/s)$。

21. B **【解析】**根据公式，$S_{DO,j}=DO_s/DO_j$，$DO_j\leqslant DO_f$和$S_{DO,j}=|DO_f-DO_j|/$

$(DO_f - DO_s)$，$DO_j > DO_f$，式中：$S_{DO,j}$为溶解氧的标准指数，DO_f为饱和溶解氧的浓度，DO_j为溶解氧在点的实测统计代表值，DO_s为溶解氧的水质评价标准限值。将题中数据代入公式，则 $S_{DO,j} = 5/6 \approx 0.83$。

22. B 【解析】湖库的每个水期可监测一次，每次同步连续取样 2～4d，每个水质取样点每天至少取一组水样，但在水质变化较大时，每间隔一定时间取样一次。溶解氧和水温监测频次，每间隔 6h 取样监测一次，在调查取样期内适当监测藻类。

23. A 【解析】由题意可知，$C_0 = (C_pQ_p + C_hQ_h) / (Q_p + Q_h) = (0.02 \times 50 + 3 \times 16) / (3 + 0.02) \approx 16.23$ (mg/L)，则该排放点下游 2km 处的 COD 浓度 $= 16.23 \times \exp[-0.1 \times 2\,000 / (86\,400 \times 0.5)] = 16.23 \times 0.999\,537 \approx 16.22$ (mg/L)。

24. A 【解析】垂向一维数学模型适用深水湖库，水平分布差异不明显，存在垂向分层；湖泊均匀混合模型（零维模型）适用水流交换作用较充分、污染物质分布基本均匀的湖库；纵向一维数学模型适用污染物在断面上均匀混合的河道型水库；平面二维数学模型适用浅水湖库，垂向分层不明显。

25. D 【解析】序批式活性污泥法（SBR）以脱氮为主要目标时，应选用低污泥负荷、低充水比；以除磷为主要目标时，应选用高污泥负荷、高充水比。

26. C 【解析】地下水样品采集前，应先测量井孔地下水水位（或地下水位埋深）并做好记录，然后采用潜水泵或离心泵对采样井（孔）进行全井孔清洗，抽汲的水量不得小于 3 倍的井筒水（量）体积。因此，抽汲的最低水量 $= 1.5 \times 3 = 4.5$ (m^3)。

27. A 【解析】pH 值、Eh（地下水的氧化—还原电位）、DO（溶解氧）、水温等不稳定项目应在现场测定。

28. A 【解析】卵石的渗透系数为 100～200m/d；粗砂的渗透系数为 25～50m/d；细砂的渗透系数为 5.0～10m/d；亚黏土的渗透系数为 0.1～0.25m/d。因此，按渗透系数大小排序，卵石＞粗砂＞细砂＞亚黏土。

29. C 【解析】油罐出料管口破裂，泄漏点为泄漏的瞬时性，故其排放规律为瞬时排放。

30. A 【解析】地下水水质评价时，标准指数＞1，表明该水质因子已超过了规定的水质标准，指数值越大，超标越严重。

31. A 【解析】一维非饱和溶质运移模型预测方法适用于某种污染物以点源形式垂直进入土壤环境的影响预测，重点预测污染物可能影响到的深度。生活垃圾填埋场土壤污染主要情形是防渗层破损，渗滤液垂直入渗污染土壤，应选用一维非饱和溶质运移模型开展土壤环境影响预测。

32. C 【解析】抽水试验目的是确定含水层的导水系数、渗透系数、给水度、影响半径等水文地质参数；注水试验目的与抽水试验相同；渗水试验目的是测定包气带渗透性能及防污性能；浸溶试验目的是为了查明固体废弃物受雨水淋滤或在水中浸泡时，其中的有害成分转移到水中，对水体环境直接形成的污染或通过地层渗漏对地下水造成的间接影响。

33. D 【解析】城市环境空气质量达标情况评价指标为 SO_2、NO_2、PM_{10}、$PM_{2.5}$、CO 和 O_3，六项污染物全部达标即为城市环境空气质量达标。

34. D 【解析】环境空气保护目标调查表中环境空气保护目标坐标取距离厂址最近点位位置。

35. B 【解析】估算模型 AERSCREEN 计算评价等级时，应考虑城市/农村选项：当项目周边 3km 半径范围内一半以上面积属于城市建成区或者规划区时，选择城市，否则选择农村；当选择城市时，城市人口数按项目所属城市实际人口或者规划的人口数输入。估算模型 AERSCREEN 时，还应考虑最高和最低环境温度、土地利用类型、区域湿度条件、地形、岸线熏烟。

36. D 【解析】当建设项目排放的 $SO_2+NO_x \geqslant 500$ (t/a)，可选用系数法预测二次 $PM_{2.5}$ 的推荐模型为 AERMOD 模型/ADMS 模型，也可选用模型模拟法预测二次 $PM_{2.5}$ 的推荐模型为 CALPUFF 模型。

37. D 【解析】直接生态影响：临时、永久占地导致生境直接破坏或丧失；工程施工、运行导致个体直接死亡；物种迁徙（或洄游）、扩散、种群交流受到阻隔；施工活动以及运行期噪声、振动、灯光等对野生动物行为产生干扰；工程建设改变河流、湖泊等水体天然状态等。间接生态影响：水文情势变化导致生境条件、水生生态系统发生变化；地下水水位、土壤理化特性变化导致动植物群落发生变化；生境面积和质量下降导致个体死亡、种群数量下降或种群生存能力降低；资源减少及分布变化导致种群结构或种群动态发生变化；因阻隔影响造成种群间基因交流减少，导致小种群灭绝风险增加；滞后效应等。选项 A、B、C 属于直接生态影响。

38. B 【解析】3S 叠图法的工作步骤包括：①选用符合要求的工作底图，底图范围应大于评价范围；②在底图上描绘主要生态因子信息，如植被覆盖、动植物分布、河流水系、土地利用、生态敏感区等；③进行影响识别与筛选评价因子；④运用 3S 技术，分析影响性质、方式和程度；⑤将影响因子图和底图叠加，得到生态影响评价图。

39. D 【解析】物种多样性常用的评价指标包括物种丰富度、香农-威纳多样性指数、Pielou 均匀度指数、Simpson 优势度指数等。

40. D 【解析】项目施工前应对工程占用区域可利用的表土进行剥离，单独堆存，加强表土堆存防护及管理，确保有效回用。

二、不定项选择题

41. BC 【解析】声源源强的评价量为：A 计权声功率级（L_{AW}）或倍频带声功率级（L_W），必要时应包含声源指向性描述；距离声源 r 处的 A 计权声压级［$L_A(r)$］或倍频带声压级［$L_P(r)$］，必要时应包含声源指向性描述；有效感觉噪声级（L_{EPN}）。

42. ABCD 【解析】城市轨道交通声环境保护目标调查的内容包括声环境保护目标名称、行政区划、线路类型、里程范围、与线路位置关系、距近侧线路中心线水平距离、轨面与声环境保护目标地面高差、功能区划、不同功能区户数和声环境保护目标情况说明。

43. ABCD 【解析】现状评价图一般应包括评价范围内的声环境功能区划图，声环境保护目标分布图，工矿企业厂区（声源位置）平面布置图，城市道路、公路、铁路、城市轨道交通等的线路走向图，机场总平面图及飞行程序图，现状监测布点图，声环境保护目标与项目关系图等。

44. C 【解析】户外声传播衰减项中，与声波频率有关的有大（空）气吸收、绿化林带、屏障屏蔽引起的衰减。在温度、相对湿度相同的情况下，大（空）气吸收数衰减系数 a 与频率（倍频带中心频率）成正相关，即大（空）气吸收引起的衰减，其衰减量与频率（倍频带中心频率）成正相关。绿化林带引起的衰减，其衰减系数与频率（倍频带中心频率）成正相关，即绿化林带引起的衰减，其衰减量与频率（倍频带中心频率）成正相关。在声速一定的情况下，波长与频率成反比，屏障屏蔽引起的衰减量与噪声频率成正相关。

45. AD 【解析】选项 B 错误，新建项目的现状值一般是指背景值，即现状值与背景值相同。选项 C 错误，噪声预测值为贡献值和背景值的叠加。

46. ABD 【解析】选项 A、B 属于噪声源控制措施中的采取声学控制措施，如对声源采用吸声、消声、隔声、减振等措施；选项 D 属于噪声传播途径控制措施中的设置声屏障措施。

47. AB 【解析】点源是指通过某种装置集中排放的固定点状源，如烟囱、集气筒等。

48. AD 【解析】体源是指由源本身或附近建筑物的空气动力学作用使污染物呈一定体积向大气排放的源，如焦炉炉体、屋顶天窗等。选项 B、C 属于面源。

49. CD 【解析】污染物排放标准规定了该行业主要污染物排放限值，可用于判定该行业工艺废气污染物。生产工艺说明资料则会列出原辅材料、工艺过程，通过原辅材料、工艺过程识别产污环节和污染物。

50. ABD 【解析】固体废物贮存场和填埋场一般应包括：①防渗系统、渗滤液收集和导排系统；②雨污分流系统；③分析化验与环境监测系统；④公用工程和配套设施；⑤地下水导排系统和废水处理系统（根据具体情况选择设置）。

51. ABCD 【解析】CEMS 应当实现测量烟气中颗粒物浓度、气态污染物 SO_2 和（或）NO_x 浓度、烟气参数（温度、压力、流速或流量、湿度、含氧量等），同时计算烟气中污染物排放速率和排放量，显示（可支持打印）和记录各种数据和参数，形成相关图表，并通过数据、图文等方式传输至管理部门等功能。

52. ABC 【解析】由于油比水轻，故储油罐底部会定期排放一部分含油废水；另外，还会产生大小呼吸废气。三相分离器是指原油中气、液、固分离，达到脱气、脱水、除砂的目的，故会产生废水。原油稳定是把油田上密闭集输起来的原油经过密闭处理，从原油中把轻质烃类（如甲烷、乙烷、丙烷、丁烷等）分离出来并加以回收利用，目的是减少原油的挥发，也降低了蒸发造成的损耗，使之稳定，故不会产生废水，但产生废气。

53. CD 【解析】无组织排放的确定方法主要有三种：①物料衡算法。通过全厂物料的投入产出分析，核算无组织排放量。②类比法。与工艺相同、使用原料相似的同类工厂进行类比，在此基础上，核算本厂无组织排放量。③反推法。通过对同类工厂正常生产时无组织监控点进行现场监测，利用面源扩散模式反推，以此确定工厂无组织排放量。

54. AB 【解析】根据国家及地方环保要求，加强水泥窑 NO_x 排放控制，在低氮燃烧技术（低氮燃烧器、分解炉分级燃烧、燃料替代等）的基础上，选择采用 SNCR（选择性非催化还原）技术、SCR（选择性催化还原）技术或 SNCR－SCR 复合技术。新建水泥窑鼓励采用 SCR 技术、SNCR－SCR 复合技术。

55. ACD 【解析】废水监测分为外排口监测点位和内部监测点位，内部监测点位的监测频次根据该监测点位设置目的、结果评价的需要、补充监测结果的需要等进行确定。其中外排口是必须要监测的，内部监测可以根据实际情况确定。选项 B 属于内部监测，不是必须要监测的点位。选项 A、C 都属于外排点；选项 D，雨水是排放到市政管网，也属于外排点。

56. ACD 【解析】生产系统危险性识别包括主要生产装置、储运设施、公用工程和辅助生产设施，以及环境保护设施等。生产系统危险性识别的内容包括：①按工艺流程和平面布置功能区划，结合物质危险性识别，以图表的方式给出危险单元划分结果及单元内危险物质的最大存在量。按生产工艺流程分析危险单元内潜在的风险源。②按危险单元分析风险源的危险性、存在条件和转化为事故的触发因素。③采用定性或定量分析方法筛选确定重点风险源。

57. CD 【解析】一般性的爆炸事故和火灾事故属于安全事故，只有其引发伴生/次生污染物的排放时，才列为环境风险事故。环境风险类型包括危险物质泄漏，以及火灾、爆炸等引发的伴生/次生污染物排放。

58. ABCD 【解析】废弃铅酸蓄电池的废塑料壳可经清洗、干燥后，按比重、颜色分类回收；铅栅、铅屑和铅膏等含铅物料可通过火法冶金、湿法冶炼回收铅；废电解液采用“过滤＋碱液中和＋蒸发＋结晶＋重结晶”工艺处理得到“副产品＋无水硫酸钠”，过滤滤渣（含少量铅，来自铅栅、铅膏）可通过火法冶金、湿法冶炼回收铅。

59. ABCD 【解析】水污染影响型的水文情势调查内容包括水文年及水期划分、不利水文条件及特征水文参数、水动力学参数等。

60. ABD 【解析】预测河流溶解氧采用的 S-P 模式（河流一维稳态水质模式的特例），是研究河流溶解氧与 BOD 关系的最早的、最简单的耦合模型，其公式中的参数有废水排放量、河流流量、排放口处污染物 BOD 的排放浓度、亏氧量、计算初始断面亏氧量、上游来水中溶解氧亏值、污水中溶解氧亏值、河流断面平均流速、沿程距离、沿程浓度、溶解氧浓度、饱和溶解氧浓度、耗氧系数、复氧系数。

61. AC 【解析】河流设计水文条件要求中，河流不利枯水条件宜采用 90%保证率最枯月流量或近 10 年最枯月平均流量。

62. AB 【解析】低浓度生活废水和肉类加工废水属于典型的生化性好的有机污水，故适合采用生物接触氧化工艺。生物接触氧化属于生物膜法好氧处理工艺，主要适用于进水 $BOD_5/COD \geqslant 0.3$ 的有机废水。磷铁矿尾矿库渗滤液和电厂脱硫废水属于无机废水，故不适合采用生物接触氧化工艺。

63. ABC 【解析】膜分离技术包括微滤、超滤、纳滤和反渗透。

64. ABC 【解析】土壤盐化影响因素包括地下水位埋深、干燥度（蒸降比值）、土壤本底含盐量、地下水溶解性总固体和土壤质地。

65. AC 【解析】地下水潜水水位为井口地面高程减潜水埋藏深度，即测量这两项即可。井深度和井潜水深度均与潜水水位无关。

66. ABC 【解析】地下水环境影响预测模型概化的内容包括：①水文地质条件概化；②污染源概化；③水文地质参数初始值的确定。

67. ABC 【解析】地下水污染防渗分区应考虑的因素包括天然包气带防污性能、污染控制难易程度、污染物特性（污染物类型）以及防渗技术要求。

68. AC 【解析】北方干旱少雨风大，蒸发量大，微咸水灌区土壤容易导致盐渍化（包括土壤盐化过程和土壤碱化过程）。

69. ABD 【解析】一级、二级评价项目的调查评价范围内有环境质量标准的评价因子的环境质量监测数据或进行补充监测，应选择符合监测因子对应环境质量标准或参考标准所推荐的监测方法，并在评价报告中注明。生活污水处理会产生硫化氢和氨，《环境影响评价技术导则 大气环境》附录 D 规定了硫化氢、氨的空气质量浓度参考限值，《恶臭污染物排放标准》规定了硫化氢、氨的排放限值。污泥焚烧会产生二噁英。苯并芘一般在两种情况下才识别：①有机物很多、高温缺氧状态；②有少量的有机物，温度高再加上有氯离子，如石油炼制、煤化工、炼焦等，基本上原料都是有机物，还是缺氧状态，它的副产物会产生苯并芘。本题中未提到氧气不足，说明氧气是比较足的，另外有机物也不够多，所以不识别苯并芘。

70. ABC 【解析】其他污染物环境质量现状评价内容应包括监测点位、监测点坐标、污染物、平均时间、评价标准、监测浓度范围、最大浓度占标率、超标率和达标情况。

71. BCD 【解析】估算模型 AERSCREEN 应考虑的参数包括城市/农村选项、最高/最低环境温度、土地利用类型、区域湿度条件、是否考虑地形和是否考虑岸线熏烟。岸线熏烟选项：对估算模型 AERSCREEN，当污染源附近 3km 范围内有大型水体时，需选择岸线熏烟选项。选项 A 不属于应考虑的参数，城市/农村选项：当项目周边 3km 半径范围内一半以上面积属于城市建成区或者规划区时，选择城市，否则选择农村；当选择城市时，城市人口数按项目所属城市实际人口或者规划的人口数输入。

72. ABD 【解析】AUSTAL2000 模型的地面气象数据选择距离项目最近或气象特征基本一致的气象站的逐时地面气象数据，要素至少包括风向、风速、干球温度、相对湿度，以及采用测量或模拟气象资料计算得到的稳定度。

73. AB 【解析】生态影响评价因子包括：①分布范围、种群数量、种群结构、行为等；②生境面积、质量、连通性等；③物种组成、群落结构等；④植被覆盖度、生产力、生物量、生态系统功能等；⑤物种丰富度、均匀度、优势度等；⑥主要保护对象、生态功能等；⑦景观多样性、完整性等；⑧遗迹多样性、完整性等。

74. ABCD 【解析】陆生植被和植物调查前需针对要进行调查的对象、区域，收集整理现有相关资料，包括历史调查资料、地理位置、地形地貌、土壤、气候、植被、农业和林业相关资料等。根据所收集资料，分析了解调查区域的相关情况，制订调查方案和调查计划。调查方案包括准备观测区域植被类型图、1：10 000 地形图、气候资料、动植物区系等资料，对观测区域进行野外踏查，根据观测目的制定科学合理的观测方案。

75. BD 【解析】分区直数法适用于较小面积的草原或湿地，主要应用于水鸟或其他集群鸟类的观测。

76. BCD 【解析】古树名木调查结果包括树种名称（中文名/拉丁名）、生长状况、树龄、经纬度和海拔、工程占用情况（是/否）等。

77. ACD 【解析】景观变化的分析方法主要有三种：定性描述法、景观生态图叠置法和景观动态的定量化分析法。

78. CD 【解析】选项 A 错误，涉及生态敏感区（基本已划入生态保护红线）时，应分幅单独成图。选项 B 错误，生态影响评价制图应采用标准地形图作为工作底图，精度不低于工程设计的制图精度，比例尺一般在 1：50 000 以上。

79. ABC 【解析】生态机理分析法的工作步骤包括：①调查环境背景现状，收集工程组成、建设、运行等有关资料；②调查植物和动物分布，动物栖息地和迁徙、洄游路线；③根据调查结果分别对植物或动物种群、群落和生态系统进行分析，描述其分布特点、结构特征和演化特征；④识别有无珍稀濒危物种、特有种等需要特别保护的物种；⑤预测项目建成后该地区动物、植物生长环境的变化；⑥根据项目建成后的环境变化，对照无开发项目条件下动物、植物或生态系统演替或变化趋势，预测建设项目对个体、种群和群落的影响，并预测生态系统演替方向。选项 D 属于图形叠置法中的指标法。

80. BCD 【解析】尽量减少对动植物的伤害和生境占用。项目建设对重点保护野生动物、特有动物及其生境造成不利影响的，应提出优化工程施工方案、运行方式，实施物种救护，划定生境保护区域，开展生境保护和修复，构建活动廊道或建设食源地等措施。

环球书业
Huanqiushuye

全新版

全国环境影响评价工程师职业资格考试辅导用书

历年真题及押题模拟试卷
环境影响评价
技术方法

环境影响评价工程师考试研究组 编

免费兑换 备考课程

押题模拟试卷分册

押题模拟试卷(一)~(六)

北京理工大学出版社
BEIJING INSTITUTE OF TECHNOLOGY PRESS

前　言

环境影响评价工程师职业资格考试由中华人民共和国环境保护部、人力资源和社会保障部共同组织实施。根据规定，应试者必须通过考试才可以取得环境影响评价工程师合格证书。环境影响评价工程师职业资格考试自2005年起每年举行一次，考试共设4个科目：《环境影响评价相关法律法规》《环境影响评价技术导则与标准》《环境影响评价技术方法》和《环境影响评价案例分析》。其中，前3科为客观题，《环境影响评价案例分析》为主观题。

为方便广大考生更加高效地复习备考，环境影响评价工程师考试研究组在总结和分析历年真题的基础上，按照新《全国环境影响评价工程师职业资格考试大纲》的要求，精心组织编写了本套《环境影响评价案例分析历年真题及押题模拟试卷》。

本套考试辅导用书具有如下特点：

历年真题　收录最近几年的全国环境影响评价工程师职业资格考试真题。通过做真题试卷，考生可以掌握各科目所考查的重难点、高频考点及热点，更深刻地理解考试大纲的要求，把握命题规律，从而达到事半功倍的复习效果。

押题模拟试卷　在深入剖析历年真题的基础上，研究组专家从现实中寻找考试热点，精心编写了环境影响评价工程师职业资格考试押题模拟试卷。试卷涵盖了近几年考试的高频考点及热点，预测了新考试大纲的命题趋势，为考生指明了备考方向，从而保证了考生复习的针对性与高效性。

参考答案及解析　研究组专家对每套试题均配有详尽的答案解析，为考生提供了清晰的答题思路，使考生在复习中达到举一反三的效果，从而轻松高效地备考。

本套考试辅导用书集权威性与时效性、针对性与实用性于一体，不仅充分展现了全国环境影响评价工程师职业资格考试独有的特色，而且对考生应试能力的快速提高也有很大的帮助与促进作用。

虽然编者一再精益求精，但由于水平和时间有限，书中难免存在疏漏与不足之处，敬请广大考生和读者斧正。最后，衷心地祝愿广大考生能够取得优异的成绩，顺利过关！

环境影响评价工程师考试研究组

押题模拟试卷（一）

一、单项选择题（共 40 题，每题 1 分。每题的备选项中，只有 1 个最符合题意）

1. 下列选项中，不属于工程概况内容分析范围的是（　　）。

A. 项目组成

B. 物料与能源消耗定额

C. 污染物排放总量建议指标

D. 工程一般特征简介

2. 某化工项目废水处理场进水量为 15 000m^3/d，进水 COD 浓度为 1 000mg/L，COD 总去除率为 92%，废水回用率为 50%，该项目废水处理场外排 COD 量为（　　）。

A. 0.6t/d　　B. 0.06t/d

C. 6t/d　　D. 60t/d

3. 空气监测记录显示 SO_2 的日平均浓度为 0.30mg/m^3，超过环境空气质量二级标准，则其超标倍数为（　　）。

A. 2.5 倍　　B. 1.5 倍

C. 2 倍　　D. 1 倍

4. 某项目生产工艺过程中 HCl 使用量 100kg/h，其中 90%进入产品、8%进入废液、2%进入废气。若废气处理设施 HCl 的去除率为 99%，则废气中 HCl 的排放速率是（　　）。

A. 0.01kg/h　　B. 0.02kg/h

C. 0.08kg/h　　D. 0.10kg/h

5. 用来表征岩石透水性的定量指标是（　　）。

A. 水力传导系数

B. 渗流速度

C. 有效孔隙度

D. 水力梯度

6. 湖、库水量和总容积随时间而变化，以年水量变化频率为（　　）时代表多水年。

A. 10%　　B. 50%

C. 60%　　D. 75%～95%

7. 某工程生产工艺用新鲜水 1 600m^3/d，生活用新鲜水 130 m^3/d，公用工程用新鲜水 270m^3/d，项目重复利用水 24 600m^3/d，则该工程水重复利用率为（　　）。

A. 91.5%　　B. 92.5%

C. 92.9%　　D. 93.9%

8. 某水样 pH 值为 12.0，采用单项指数法评价的标准指数为（　　）。

A. 0.7　　B. 0.5

C. 2.5　　D. 4.0

9. 已知某河流水文站 20 年最枯月平均流量见下表。按经验频率估算其最枯月 90%保证率的枯水流量为（　　）。

年份	1990	1991	1992	1993	1994	1995	1996	1997	1998	1999
流量（m^3/s）	19	17	16	15	17	10	21	10	19	16
年份	2000	2001	2002	2003	2004	2005	2006	2007	2008	2009
流量（m^3/s）	12	9	12	15	16	12	20	12	7	8

A. $10m^3/s$　　B. $9m^3/s$

C. $8m^3/s$　　D. $7m^3/s$

10. 某工厂的 COD 排放浓度为 35mg/L，废水排放量为 14 400m^3/h，地表水的 COD 标准执行 20mg/L，地表水上游 COD 浓度是 15mg/L，且上游来水流量 40m^3/s，则 *ISE* 是（　　）。

A. 0.7　　B. 7

C. 2 520　　D. 2.5

11. 地处西北地区冲洪积扇上的煤制气项目，地下水评价首先应关注的地质环境条件是（　　）。

A. 水文地质条件

B. 工程地质条件

C. 地基承载条件

D. 气象气候条件

12. 通过对同类工厂，正常生产时无组织排放监控点的现场监测，利用面源扩散模式反推确定无组织排放量，此法为（　　）。

A. 现场实测法

B. 物料衡算法

C. 模拟法

D. 反推法

13. 上游来水 COD_{Cr}（p）=14.5mg/L，Q_p=8.7m^3/s；污水排放源强 COD_{Cr}（h）=58mg/L，Q_h=1.0m^3/s。如忽略排污口至起始断面间的水质变化，且起始断面的水质分布均匀，则起始断面的 COD_{Cr}浓度是（　　）。

A. 14.5mg/L

B. 19.0mg/L

C. 25.0mg/L

D. 36.3mg/L

14. 某采样监测点全年 NO_2质量监测数据 200 个，其中有 30 个超标，5 个未检出，5 个不符合监测技术规范要求，则 NO_2全年超标率为（　　）。

A. 14.6%　　B. 15.0%

C. 15.4%　　D. 15.8%

15. 甲企业年排废水 600 万 m^3，废水中氨氮浓度为 20mg/L，排入Ⅲ类水体，拟采用废水处理方法氨氮去除率为 60%，Ⅲ类水体氨氮浓度的排放标准 15mg/L。甲企业废水处理后氨氮的年排放量为（　　）。

A. 48t　　B. 72t　　C. 4.8t　　D. 7.2t

16. 泄漏量计算中，气体泄漏速度公式可表示为（　　）。

A. $Q_G = YC_dAp\sqrt{\left(\frac{2}{\kappa+1}\right)^{\frac{\kappa+1}{\kappa-1}}\frac{M\kappa}{RT_G}}$

B. $Q_2 = \frac{\lambda S \times (T_0 - T_b)}{H\sqrt{\pi \alpha t}}$

C. $Q_L = C_dA\rho\sqrt{\frac{2(p-p_0)}{\rho}+2gh}$

D. $Q_{LG} = C_dA\sqrt{2\rho_m(p-p_c)}$

17. 对于新建的城市生活垃圾填埋场，为确定渗滤液中污染物通过填埋场底部垂直向下迁移到达含水层的时间，需要确定渗滤液（　　）。

A. 在底部衬层中的实际渗流速度

B. 在底部衬层和其下部各土层中的实际渗流速度

C. 在各土层中的实际渗流速度

D. 在各土层中的实际渗流速度和含水层地下水的水平运移速度

18. 排入宽浅河流的废水与河水混合时，一般是（　　）。

A. 先完成横向混合

B. 先完成垂向混合，再发生横向混合

C. 先完成横向混合，再发生垂向混合

D. 先完成垂向混合，再同时完成横向和纵向混合

19. 环境影响经济评价中，粉尘对作物的影响，酸雨对作物和森林的影响，湖泊富营养化对渔业的影响，常用（　　）来评估。

A. 人力资本法　　B. 机会成本法

C. 生产力损失法　　D. 成果参照法

20. 大气环境三级评价项目的现状监测布点原则是在评价区内按（　　）布点。

A. 环境功能区法　　B. 平行线法

C. 同心圆法　　D. 极坐标布点法

21. 某室内吊扇单独工作时测得的噪声声压 P =0.002Pa，电冰箱单独工作时的声压级为 45dB，则两者同时工作时的合成声压级是（　　）。

A. 46dB　　B. 47dB

C. 48dB　　D. 49dB

22. 某线声源长为 8km，在距线声源 15m 处噪声值为 85dB，则在 30m 处的声压级为（　　）。

A. 87dB　　B. 83dB

C. 82dB　　D. 79dB

23. 当建设项目污水排放量<50 000m^3/d时，小型湖泊一级评价每（　　）布设一个取样位置。

A. 0.5～1.5km^2　　B. 1.0～2.0km^2

C. 1.5～3.5km^2　　D. 4.0～7.0km^2

24. 产生湖、库水对流混合的主要因素是（　　）。

A. 风力　　B. 温度差异

C. 密度差异　　D. 水力坡度

25. 以下大气污染源中属于点源的是（　　）。

A. 集气筒　　B. 道路机动车排放源

C. 垃圾填埋场扬尘　　D. 焦炉炉体

26. 下列选项中最接近人的听觉的是（　　）。

A. A声级　　B. B声级

C. C声级　　D. D声级

27. 一条河流宽100m，平均水深2m，流速为1m/s，河流坡度为1‰，岸边有一排污口，则污染物在河流中达到均匀混合的长度为（　　）。

A. 37.30km　　B. 1.18km

C. 30.53km　　D. 1.31km

28. 适用于捕集粒径大于50μm尘粒的除尘器是（　　）。

A. 机械除尘器　　B. 湿式除尘器

C. 布袋除尘器　　D. 静电除尘器

29. 某省建设一公路，需经过一自然保护区，则该建设项目的评价等级应为（　　）。

A. 一级　　B. 二级

C. 三级　　D. 四级

30. 下列关于水文地质参数的说法，错误的是（　　）。

A. 黏滞性大的给水性弱，黏滞性小的给水性强

B. 在其他条件相同时，越流系数越大，通过的水量就越少

C. 渗透系数代表当水力坡度为1时，水在介质中的渗流速度

D. 水动力弥散系数是表征在一定流速下，多孔介质对某种污染物弥散能力的参数

31. 某河流为Ⅲ类水体，测得饱和溶解氧为9.0mg/L，实际测得的溶解氧为8.0mg/L，则溶解氧的标准指数为（　　）。

A. 0.25　　B. 0.30

C. 0.50　　D. 1.00

32. 某建设所在区域声环境功能区为1类，昼间环境噪声限值为55dB（A），夜间环境噪声限值为45dB（A），则该区域夜间突发噪声的评价量为（　　）。

A. ≤45dB（A）　　B. ≤55dB（A）

C. ≤50dB（A）　　D. ≤60dB（A）

33. 对某污水池下伏潜水含水层进行监测时，发现氨氮浓度呈现明显上升趋势，立即切断氨氮泄漏，修复污水池。关于修复后泄漏点下伏潜水含水层污染随时间变化特征

的说法，正确的是（　　）。

A. 泄漏点地下水氨氮浓度不变，且污染范围不变

B. 泄漏点地下水氨氮浓度变小，且污染范围缩小

C. 泄漏点地下水氨氮浓度变大，且污染范围缩小

D. 泄漏点地下水氨氮浓度变小，且污染范围加大

34. 环境影响经济评价法中，下列首选的评估方法是（　　）。

A. 医疗费用法、生产力损失法、影子工程法、人力资本法、恢复或重置费用法、防护费用法

B. 反向评估法、机会成本法

C. 旅行费用法、成果参照法、调查评价法、隐含价格法

D. 机会成本法、隐含价格法、生产力损失法、人力资本法

35. 当污水池底部渗漏，包气带中垂向水力坡度等于 1 时，下列关于包气带中污水垂向渗透速度 V 在数值上与垂向渗透系数 K 的关系，正确的是（　　）。

A. $V>K$　　B. $V<K$

C. $V=K$　　D. 不能确定

36. 某企业单位产品 COD 排放定额为 100g/t 产品，年产品总量为 6t，该企业排污系数为 0.7，污染物排放总量为（　　）。

A. 0.3kg/a　　B. 0.6kg/a

C. 2.1kg/a　　D. 4.2kg/a

37. 下列关于费用效益分析的内容、具体步骤等方面的叙述，表达不正确的有（　　）。

A. 费用效益分析中所使用的价格是反映整个社会资源供给与需求状况的均衡价格

B. 费用效益分析的第一步是基于财务分析中的现金流量表（财务现金流量表），编制用于费用效益分析的现金流量表（经济现金流量表）

C. 费用效益分析的第二步是计算项目的可行性指标

D. 费用效益分析中，补贴和税收被列入企业的收支项目中

38. 根据初始瓶的溶氧量（IB）、黑瓶的溶氧量（DB）、白瓶的溶氧量（LB）测定初级生产量，净初级生产量等于（　　）。

A. $LB-IB$　　B. $IB-DB$

C. $LB-DB$　　D. $IB+DB$

39. 下列不属于好氧生物处理法的是（　　）。

A. 活性污泥法　　B. 生物膜法

C. UASB　　D. 氧化沟法

40. 城市污水处理厂尾水排入河流，排放口下游临界氧亏点的溶解氧浓度一般（　　）该排放口断面的溶解氧浓度。

A. 高于　　B. 低于

C. 略高于　　D. 等于

二、不定项选择题（共40题，每题2分。每题的备选项中，至少有1个符合题意。多选、错选、少选均不得分）

41. 下列属于总图布置方案与外环境关系分析内容的有（　　）。

A. 厂区与周围的保护目标的防护距离的安全性

B. 根据气象和水文等自然条件分析厂区和车间布置的合理性

C. 环境敏感点处置措施的可行性

D. 环保设施构成及有关经济技术参数的合理性

42. 使用估算模式计算点源影响时，一般情况下，需输入的参数包括（　　）。

A. 点源排放速率　　B. 气象数据

C. 烟囱出口处的环境温度　　D. 计算点的高度

43. 热电项目烟囱排放的污染物主要有（　　）。

A. PM_{10}　　B. TSP

C. 二氧化硫　　D. 二氧化氮

44. 采用消声器降低煤矿主扇风机排风口空气动力性噪声时，消声器应满足的要求有（　　）。

A. 消声器阻力损失应足够大　　B. 消声器消声量应足够大

C. 消声器再生噪声应足够小　　D. 消声器外板隔声量应足够小

45. 对于新建项目污染物排放量的计算，应算清“两本账”，这“两本账”指（　　）。

A. 生产过程中的产污量

B. 污染物最终排放量

C. 实现污染物防治措施后的污染物削减量

D. “以新带老”削减量

46. 对于河流二级评价现状调查，一般情况下应调查（　　）。

A. 枯水期

B. 平水期

C. 丰水期

D. 一般情况下都必须调查

47. 某冶金联合企业现有2×1 680m^2高炉、2×90m^2烧结机、2×120t转炉，淘汰2×90m^2烧结机，新建2×360m^2烧结机。对该企业大气环境防护距离计算时，需要考虑的污染源有（　　）。

A. 2×1 680m^2高炉　　B. 2×120t转炉

C. 2×90m^2烧结机　　D. 2×360m^2烧结机

48. 一般从水文地质柱状图中可获取的信息有（　　）。

A. 含水层渗透性

B. 含水层厚度

C. 隔水层岩性

D. 含水层之间的补给关系

49. 群落演变评价采用演变速率指标，则下列说法正确的有（　　）。

A. 演变速率（E）介于 0～1 之间

B. 群落演变速率指标采用 β 多样性指数评价

C. 当演变速率 $E=0$ 时，两个群落结构完全相同，没有发生演变

D. 当演变速率 $E=1$ 时，两个群落结构完全相同，没有发生演变

50. 环境影响是人类的经济和社会活动对环境的作用导致的环境变化以及由此引起的对人类社会和经济的效应。下列关于环境影响的说法，正确的有（　　）。

A. 按照影响的来源分为直接影响和间接影响

B. 按照影响效果分为可恢复影响和不可恢复影响

C. 累积影响指一项活动的过去和现在的影响具有累积性质

D. 按影响性质分为有利影响和不利影响

51. 对于连续排入中型宽浅河流的持久性污染物，假设断面上完全混合，在开展水质预测时，下列说法中正确的有（　　）。

A. 横向混合过程段可采用河流二维稳态混合模式

B. 完全混合河段可采用河流一维稳态模式

C. 应考虑降解速率

D. 沉降作用明显河段应考虑沉降速率

52. 可用来判断湖泊、水库水温是否分层的方法有（　　）。

A. α＝年总入流量/湖泊、水库总容积

B. β＝一次洪水总量/湖泊、水库总容积

C. 湖泊、水库的平均水深

D. 湖泊、水库的总径流量

53. 根据生态学原理和生态保护基本原则，生态影响预测与评价中应注意的问题有（　　）。

A. 区域性

B. 生物多样性保护优先

C. 层次性

D. 结构－过程－功能整体性

54. 电除尘器的主要优点包括（　　）。

A. 抗高温和腐蚀

B. 压力损失

C. 投资小

D. 除尘效率高

55. 下列关于湖泊水温变化规律的说法，正确的有（　　）。

A. 湖泊水温变化具有时间和空间规律，其中主要是季节性变化和垂直变化，对于大湖泊，通常垂向分为三个层次，上层温度较高，下层温度较低，中间为温跃层

B. 湖泊水文是否分层，由经验性指标 α、β 辨别，其中 $\alpha<20$、$\beta>0$ 时，认为湖泊、水库（人造湖泊）是分层的

C. 洪水期湖泊只能是混合型，如果 $\alpha<10$，则为分层型

D. 利用湖泊或水库的平均水深 H 判断是否分层时，当 $H>10\text{m}$ 时认为下层水不受上层水的温度影响，为分层型

56. 大气环境影响预测中的进一步预测模型包括（　　）。

A. AERMOD　　B. ADMS

C. CALPUFF　　D. AERMET

57. 利用河流一维稳态水质方程进行河流水质预测时，对于有支流汇入情形的一般可以（　　）。

A. 在汇入处分段进行预测

B. 忽略支流的影响

C. 将支流作为点源处理

D. 单独预测支流的水质

58. 一般利用生物通风技术治理包气带土层有机污染，其工艺流程的种类有（　　）。

A. 单注工艺

B. 双注工艺

C. 注一抽工艺

D. 抽一注工艺

59. 下列关于垃圾填埋场产生气体的说法，正确的有（　　）。

A. 垃圾填埋场产生的气体主要为甲烷和二氧化碳

B. 垃圾填埋场产生的微量气体量很少，成分也不多

C. 垃圾填埋场产生的气体主要为氨气和甲烷

D. 接收工业废物的垃圾填埋场产生的气体中可能含有微量挥发性有毒气体

60. 公路铁路声环境影响评价重点分析问题包括（　　）。

A. 针对建设项目的建设期和不同的运行阶段，评价沿线的敏感保护目标，并按噪声环境标准达标和超标情况，分析受影响人口分布情况

B. 对沿线两侧的所有规划所受噪声影响的范围绘制等声级曲线

C. 评价工程选线和建设方案布局，评价其合理性和可行性，必要时提出替代方案

D. 对防治措施进行技术经济论证，并提出应采取的措施，说明降噪效果

61. 运用类比法评价拟建工程的生态环境影响时，应（　　）。

A. 类比对象应与拟建工程地理位置非常靠近

B. 类比对象应与拟建工程的性质、工艺流程、规模相当

C. 拟建工程应与类比对象的生态背景相似

D. 选择类比项目已建成，并对生态产生了实际的影响

62. 建设项目竣工环境保护验收时，对大气有组织排放的点源，应对照行业要求，考核（　　）。

A. 最高允许排放浓度

B. 最高允许排放速率

C. 监控点与参照点浓度差值

D. 周界外最高浓度点浓度值

63. 某污水池下伏潜水含水层，已知该含水层渗透系数为 100m/d，水力坡度为 1%，有效孔隙度为 25%。在污水池下伏地下水下游方向布置系列监测井（11～14 号井）。若该污水池发生泄漏，则 100 天内可测出特征污染物的监测井有（　　）。

A. 下游 25m 处的 11 号井　　B. 下游 100m 处的 12 号井

C. 下游 200m 处的 13 号井　　D. 下游 500m 处的 14 号井

64. 建设项目环境保护验收重点的确定依据有（　　）。

A. 项目可研、批复以及设计文件相关内容与项目有关的各项环境设施

B. 环境影响评价文件及其批复规定应采取的各项环境保护措施等要求

C. 各级环境保护主管部门针对建设项目提出的具体环境保护要求文件

D. 国家法律、法规、行政规章及规划确定的敏感区

65. 某新建公路项目在选线中遇到了 1 株古树，可采取的做法有（　　）。

A. 修改选线方案，避绕古树

B. 报有关主管部门批准，砍伐古树

C. 报有关主管部门批准，整体移植古树

D. 将古树砍伐在其他地方补种同种树木 10 株

66. 下列关于海洋生态调查的说法，正确的有（　　）。

A. 粒级按细胞平均长度计算

B. 海洋生态调查包括海洋生态要素调查和海洋生态评价两大部分

C. 海洋浮游植物调查时，采水样品显微鉴定计数时分为＜20μm、20～200μm、＞200μm三个粒级

D. 存在捕捞生产活动的海区，应现场调查和查访捕捞作业情况，进行渔获物拍照和统计，并收集该海区多年的捕捞生产数据

67. 环境保护验收监测时，下列污染物中，应在总排放口监测的有（　　）。

A. 总汞　　B. 六价铬

C. 总铜　　D. 硫化物

68. 下列参数中，属于溶质迁移参数的有（　　）。

A. 渗透系数　　B. 给水度

C. 孔隙度　　D. 弥散度

69. 采用数值法预测地下水环境影响，地下水模型识别与验证的依据主要有（　　）。

A. 模拟的地下水流场要与实际地下水流场基本一致

B. 模拟地下水的动态过程要与实测的动态过程基本相似

C. 模拟的地下水均衡变化要与实际要素基本相符

D. 识别的水文地质参数要符合实际水文地质条件

70. 下列情形中，可使用二维稳态混合模式的有（　　）。

A. 需要评价的河段小于河流中达到横向均匀混合的长度

B. 需要评价的河段大于河流中达到横向均匀混合的长度（计算得出）

C. 大中型河流，横向浓度梯度明显

D. 非持久性污染物完全混合段

71. 高压文氏管除尘器的原理是依靠（　　）除尘。

A. 惯性　　B. 离心力

C. 扩散与凝集　　D. 静电力

72. 环境噪声现状测量需考虑（　　）等。

A. 测量条件　　B. 测点布设

C. 测量仪器　　D. 测量方法

73. 环境的总价值通常包含（　　）。

A. 直接使用价值

B. 间接使用价值

C. 选择价值

D. 非使用价值

74. 景观生态学方法对景观的功能和稳定性分析包括（　　）。

A. 生物恢复力分析

B. 异质性分析

C. 景观组织的开放性分析

D. 种群源的持久性和可达性分析

75. 建设项目竣工环境保护验收的生态影响调查要考虑的主要内容有（　　）。

A. 落实环评文件及主管部门批复意见所要求的生态保护措施

B. 生态保护措施的实施效果

C. 公众意见

D. 对已产生的生态破坏采取的补救措施及效果

76. 下列属于危险废物特性的有（　　）。

A. 易燃性

B. 腐蚀性

C. 毒性

D. 生物特性

77. 垃圾填埋场污染防治措施主要包括（　　）。

A. 释放气的导排或综合利用措施以及防臭措施

B. 渗滤液的治理和控制措施以及填埋场衬里破裂补救措施

C. 减振防噪措施

D. 除尘脱硫措施

78. 下列关于生态影响补偿的说法，正确的有（　　）。

A. 补偿可在当地，也可在异地

B. 就地补偿建立的新系统要和原系统完全一致

C. 异地补偿要注意补偿地点和补偿形式与建设地区生态类型和功能的联系

D. 异地补偿应在补偿量上与原系统等当量

79. 下列属于生物膜法的有（　　）。

A. 接触氧化池

B. 生物转盘

C. 氧化沟

D. 滴滤池

80. 建设项目竣工环境保护验收中，为计算排气筒废气污染物排放总量，必须获取的参数包括（　　）。

A. 污染物排放浓度

B. 排气筒高度

C. 废气排放速率

D. 年工作时间

押题模拟试卷（二）

一、单项选择题（共 40 题，每题 1 分。每题的备选项中，只有 1 个最符合题意）

1. 某厂有一台链条炉（烟气中的烟尘占灰分量的 80%），装有湿式除尘器，除尘效率为 80%，用煤量为 1.8t/h，煤的灰分含量为 25%，含硫率 2%。该锅炉烟尘的排放量是（　　）。

A. 20g/s　　B. 20kg/h

C. 30kg/s　　D. 25kg/s

2. 某拟建项目 SO_2 对附近的环境保护目标（二类区）预测小时贡献值为 0.10mg/m^3，现状监测值为 0.35mg/m^3，被取代污染源计算值为 0.05mg/m^3，则建成后保护目标的小时浓度值和达标情况是（　　）。

A. 0.50mg/m^3，达标

B. 0.50mg/m^3，不达标

C. 0.40mg/m^3，达标

D. 0.40mg/m^3，不达标

3. 通过全厂物料的投入产出分析核算出无组织排放量的方法叫做（　　）。

A. 类比法

B. 模拟法

C. 现场实测法

D. 物料衡算法

4. 拟在河边建一工厂，该厂将以 2.56m^3/s 的流量排放废水，废水中污染物（持久性物质）的浓度为 1 500mg/L，该河流平均流速为 0.61m/s，平均河宽为 12.5m，平均水深为 0.58m，与该工厂相同的污染物浓度为 400mg/L，该工厂的废水排入河流后，污染物浓度是（　　）。

A. 503.4mg/L

B. 692.3mg/L

C. 803.4mg/L

D. 705.6mg/L

5. 某工厂上报的统计资料显示新鲜工业用水为 1 万 t，但水表显示新鲜工业用水量为 1.2 万 t，未设置监测排水流量装置，排污系数取 0.7，则其工业废水排放量为（　　）。

A. 0.70 万 t　　B. 0.84 万 t

C. 1.20 万 t　　D. 1.54 万 t

6. 某监测点 SO_2 最大日平均浓度超二级标准 30%，则 SO_2 最大日平均浓度为（　　）。

A. 0.75mg/m^3　　B. 0.50mg/m^3

C. 0.45mg/m^3　　D. 0.65mg/m^3

7. 某水域 5 次 BOD_5 的监测浓度为 3.5mg/L、4.7mg/L、6.9mg/L、8.7mg/L、4.4mg/L，采用内梅罗法计算 BOD_5 的监测统计代表值为（　　）。

A. 3.6mg/L　　B. 6.9mg/L

C. 8.7mg/L　　D. 7.3mg/L

8. 某工厂内有 4 种机器，声压级分别是 84dB、82dB、86dB、89dB，它们同时运行时的声压级是（　　）。

A. 94dB　　B. 92dB

C. 95dB　　D. 98dB

9. 某工厂年投入物料中的某污染物总量为 10 000t，进入副产物中的该污染物总量为 1 500t，被净化处理掉的该污染物总量为 4 000t，被分解转化的该污染物总量为 500t，该污染物的排放量为 1 000t，则进入产品中的某污染物总量为（　　）。

A. 1 500t　　B. 3 000t

C. 6 000t　　D. 5 500t

10. 某工业项目使用液氨为原料，每年工作 8 000h，用液氨 1 000t（折纯），其中 96%的氨进入主产品，3.5%的氨进入副产品，0.3%的氨进入废水，剩余的氨全部以无组织形式排入大气。则用于计算大气环境防护距离的氨排放参数是（　　）。

A. 0.15kg/h　　B. 0.25kg/h

C. 0.28kg/h　　D. 0.38kg/h

11. 乙企业年排废水 300 万 m^3，废水中 COD 浓度为 400mg/L，排入Ⅳ类水体，拟采用废水处理方法 COD 去除率为 60%，Ⅳ类水体 COD 浓度的排放标准 200mg/L。乙企业废水处理后 COD 年排放量为（　　）。

A. 1 200t　　B. 48t

C. 180t　　D. 480t

12. 某气化炉从投煤开始至正常使用的持续时间为 2h，排放的二氧化硫为 6.5t/次·台。该型气化炉正常使用至停车的持续时间为 0.5h，排放的二氧化硫为 3.5t/次·台。根据气化炉运行经验，全年气化装置 4 台气化炉每台需开车 24 次、停车 24 次。计划开停车工况下污染物排放量计入全厂二氧化硫排放总量的数量是（　　）。

A. 240t/a　　B. 360t/a

C. 840t/a　　D. 960t/a

13. 某工业车间工段的水平衡图如下（单位：m^3/d），该车间的重复水利用率是（　　）。

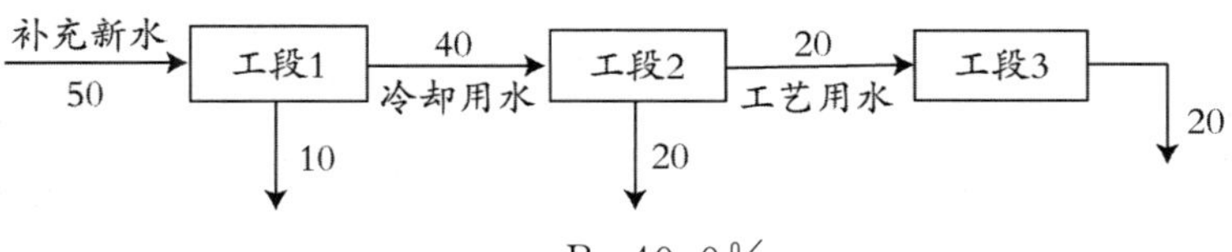

A. 28.6%　　B. 40.0%

C. 44.4%　　D. 54.5%

14. 某抽水井的指定排水量为 Q_w，井所在单元地下水的计算浓度为 C_a，井预先指定注

入水的浓度为 C_s ，则通过一口抽水井质量减少量为（　　）。

A. Q_w/C_a
B. Q_wC_s
C. Q_wC_a
D. C_aC_s

15. 预测某发声源在 20m 处预测点的等效声级贡献值为 70dB，而该预测点的背景值为 70dB，则该处的预测等效声级为（　　）。

A. 70dB
B. 73dB
C. 75dB
D. 76dB

16. 某噪声的声压级为 80dB，则其相应的声压为（　　）。

A. 0.05Pa
B. 0.10Pa
C. 0.20Pa
D. 0.25Pa

17. 某工厂的鼓风机距居民楼 40m，距鼓风机 4m 处测得噪声值为 83dB，则该鼓风机在居民楼处产生的声压级是（　　）。

A. 70dB
B. 68dB
C. 65dB
D. 63dB

18. 通常水温的垂向分布有三个层次，其中溶解氧溶度相对较低的是（　　）。

A. 上层
B. 温跃层
C. 下层
D. 均相等

19. 在分析环保设施投资构成及其在总投资中所占的比例时，一般可按水、气、声、固废、绿化等列出环保投资一览表，但对技改扩建项目，一览表还应包括（　　）的环保投资。

A. 以老带新
B. 以新带老
C. 引资
D. 原有

20. 某项目粉尘产生量为 100kg/h，集气罩收集效率为 90%，除尘口风机风量为 20 000Nm^3/h，除尘口粉尘浓度为 22.5mg/Nm^3，则除尘效率为（　　）。

A. 99.5%
B. 98.5%
C. 97.5%
D. 96.5%

21. 湖泊、水库水质完全混合模式是（　　）模型。

A. 三维
B. 二维
C. 一维
D. 零维

22. 某工程使用煤制合成气，原料煤耗量为 6 000kg/h，煤的含硫量为 2%，煤中硫的加工去向见下图：

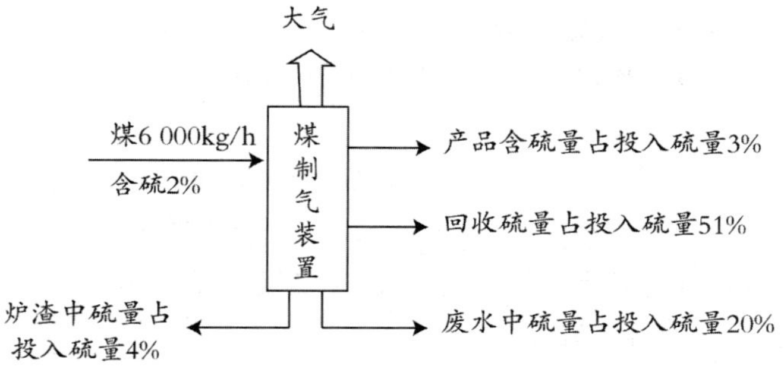

运用硫平衡核算排入大气中的二氧化硫量为（　　）。

A. 26.4kg/h　　B. 42.2kg/h

C. 21.1kg/h　　D. 52.8kg/h

23. 生态影响预测评价方法中，（　　）是指根据建设项目的特点和受其影响的动植物的生物学特征，依照生态学原理分析、预测工程生态影响的方法。

A. 指数法

B. 生产力评价法

C. 生态机理分析法

D. 综合指数法

24. 在沉降作用明显的河流充分混合段，对排入河流的化学需氧量（COD）进行水质预测最适宜采用（　　）。

A. 河流一维水质模式

B. 河流平面二维水质模式

C. 河流完全混合模式

D. 河流 S-P 模式

25. 若某水质因子的监测数据量少，水质浓度变幅大，则实测统计代表值获取的方法应选择（　　）。

A. 均值法　　B. 极值法

C. 模式法　　D. 内梅罗法

26. 下列不属于常规高空气象探测资料内容的是（　　）。

A. 气压　　B. 高度

C. 总云量　　D. 风速

27. 环境影响经济评价方法中，最常用的方法是（　　）。

A. 调查评价法　　B. 隐含价格法

C. 反向评估法　　D. 成果参照法

28. 下列地下水流态中，适用达西定律的是（　　）。

A. 紊流

B. 层流，雷诺数小于 10 的层流

C. 层流，雷诺数大于 10 并小于 100 的层流

D. 层流，雷诺数大于 100 的层流

29. 某大型工业企业拟另择地址新建一占地面积 $22km^2$ 的工厂，其生态影响评价工作等级为（　　）。

A. 一级评价　　B. 二级评价

C. 三级评价　　D. 生态影响分析

30. 城市污水处理厂外排尾水渠设置紫外线灯照射设施的作用是（　　）。

A. 增加外排尾水中溶解氧含量

B. 使水中致病微生物死亡或灭活

C. 进一步处理 COD

D. 脱除水中的氨

31. 宽浅河流一维水质模拟中的纵向离散，主要是由（　　）形成的。

A. 紊流　　B. 对流

C. 垂向流速不均　　D. 断面流速不均

32. 下列景观阈值最低的是（　　）。

A. 森林　　B. 灌丛

C. 草本　　D. 裸岩

33. 景观敏感度评价中，视见频率是一个评价指标，从对视觉的冲击来看，一般观察时间（　　），视为“极敏感”。

A. 大于 40s　　B. 大于 30s

C. 10～30s　　D. 5～10s

34. 对于单条跑道改、扩建机场工程，测点数量可分别布设（　　）飞机噪声测点。

A. 1～2 个　　B. 3～9 个

C. 9～14 个　　D. 12～18 个

35. 拟建危险废物填埋场的天然基础层饱和渗透系数大于 1.0×10^{-6} cm/s，应选择渗透系数不大于（　　）的人工合成材料进行防渗处理。

A. 1.0×10^{-7} cm/s

B. 1.0×10^{-9} cm/s

C. 1.0×10^{-12} cm/s

D. 1.0×10^{-11} cm/s

36. 下列关于高速公路交通噪声监测技术要求的说法，不正确的是（　　）。

A. 在公路两侧距路肩小于或等于 200m 范围内选取至少 5 个有代表性的噪声敏感区域，分别设点进行监测

B. 噪声敏感区域和噪声衰减测量，连续测量 2d，每天测量 4 次

C. 噪声敏感区域和噪声衰减测量，昼、夜间各测两次，分别在车流量最小时段和高峰时段

D. 24h 连续交通噪声测量，每小时测量一次，每次测量不少于 20min，连续测 2d

37. 用两点法估算 BOD 衰减系数 K_1，已知河段初始点和末端点的平均 BOD_5 分别为 31mg/L 和 17.3mg/L，河水平均流速 1km/d，河段长度 3km，BOD 衰减系数 K_1 是（　　）。

A. 1/d　　B. 0.194/d

C. 1.5/d　　D. 2.203/d

38. 在（　　）情况下的河流流动可视为恒定均匀流。

A. 河道均匀，流量基本不随时间变化

B. 河道中沿程的水流要素变化剧烈

C. 上游来流有一座日调节水库控制

D. 河道断面形态、底坡基本不变

39. 下列关于常用三组环境价值评估方法的叙述，正确的是（　　）。

A. 第Ⅰ组方法已广泛应用于对非市场物品的价值评估

B. 第Ⅱ组方法包含有医疗费用法、人力资本法、机会成本法等六种方法

C. 第Ⅲ组方法包含有反向评估法和影子工程法

D. 第Ⅱ组方法理论评估出的是以支付意愿衡量的环境价值

40. 生态环境影响二级评价的建设项目，要求对（　　）进行单项预测。

A. 关键评价因子　　B. 某些重要评价因子

C. 所有评价因子　　D. 当地公众关注的环境因子

二、不定项选择题（共 40 题，每题 2 分。每题的备选项中，至少有 1 个符合题意。多选、错选、少选均不得分）

41. 使用估算模式计算面源影响时，需要的面源参数包括（　　）。

A. 宽度（矩形面源较短的一边）

B. 面源排放速率

C. 排放高度

D. 计算点的高度

42. 污染型建设项目工程分析中无组织排放源是指（　　）。

A. 没有排气筒的排放源

B. 间歇性排放污染物的排放源

C. 排气筒高度低于 15m 的排放源

D. 排气筒高度高于 15m 的排放源

43. 补充地面气象观测的前提条件有（　　）。

A. 地面气象观测站与项目的距离超过 50km

B. 地面气象观测站与项目的距离超过 25km

C. 地面站与评价范围的地理特征不一致

D. 地面站与评价范围的地形不一致

44. 非正常排污情况包括（　　）。

A. 开、停车排污　　B. 正常生产排污

C. 部分设备检修排污　　D. 其他非正常工况排污

45. 下列关于环境影响评价术语的表述中，正确的有（　　）。

A. 环境灾害：由于人类活动引起环境恶化所导致的灾害，是除自然变异因素外的另一重要致灾原因

B. 环境区划：可以分为环境要素区划、环境状态与功能区划、环境灾害区划等

C. 环境自净：进入环境中的污染物，随着时间的变化不断降低和消除的现象

D. 水土保持：研究水土流失规律和防治水土流失的综合治理措施

46. 各类焚烧厂的选址不能在（　　）。

A. 地面水Ⅰ类区、Ⅱ类区

B. 地面水Ⅲ类区

C. 环境空气质量一类功能区

D. 居民区主导风向的上风向地区

47. 某厂的火炬系统，用于处理生产装置及辅助设施在开停车、事故及紧急情况下排放的可燃气体。火炬排放源的主要参数有（　　）。

A. 火炬热释放速率

B. 火炬排放持续时间

C. 燃烧速率

D. 火炬烟气温度

48. 按地下水的赋存介质，地下水可分为（　　）。

A. 孔隙水　　　　B. 裂隙水

C. 岩溶水　　　　D. 承压水

49. 环境敏感区包括（　　）。

A. 厂矿企业工作区

B. 生态敏感与脆弱区

C. 社会关注区

D. 需特殊保护地区

50. 下列物质可以通过化学沉淀方法去除的有（　　）。

A. 汞　　　　B. 铜

C. 钙　　　　D. 硫

51. 关于城镇污水处理厂污泥减量化、资源化、无害化处理的说法，正确的有（　　）。

A. 污泥浓缩可减小污泥体积

B. 污泥堆肥可实现污泥稳定

C. 污泥厌氧消化可实现污泥稳定

D. 污泥无害化处理可减少污泥中的致病菌

52. 进行环境噪声现状调查和评价时，环境噪声现状测量时段的要求包括（　　）。

A. 在声源正常运行工况条件下选择测量时段

B. 各测点分别进行昼间和夜间时段测量

C. 噪声起伏较大的应增加昼、夜间测量次数

D. 布点、采样和读数方式按规范要求进行

53. 在环境影响评价中，提出的项目污染物总量控制建议指标必须（　　）。

A. 符合经济效益要求　　B. 符合达标排放要求

C. 符合相关环保要求　　D. 技术上可行

54. 据《环境影响评价技术导则　生态影响》，生态影响评价中，关于指数法评价的说法，正确的有（　　）。

A. 单因子指数法可评价项目建设区的植被覆盖现状情况

B. 单因子指数法不可进行生态因子的预测评价

C. 综合指数法需根据各评价因子的相对重要性赋予权重

D. 综合指数法中对各评价因子赋予权重有一定难度，带有一定的人为因素

55. 径流深是常用的径流表示方法。年径流深是指（　　）。

A. 将年径流总量平铺在流域面积上的水层厚度

B. 年径流总量与流域面积的比值

C. 年平均流量与流域面积的比值

D. 流域内河流的平均水深

56. 下列关于水库渔业调查水样采集的说法，正确的有（　　）。

A. 水深为 3～6m 时，可只在表层采样

B. 水样采集时每个采样点应采水样 2L

C. 测定溶解氧的水样，应加入 2mL 高锰酸钾溶液固定

D. 测定溶解氧的水样，应立即通过导管自瓶底注入 250mL 磨口细口玻璃瓶中，并溢出 2～3 倍所灌瓶容积的水

57. 河流水质基本方程 $u\dfrac{\partial c}{\partial x}=-kc$ 适用于（　　）情况。

A. 溶解态污染物

B. 恒定均匀流

C. 混合过程段

D. 衰减符合一级动力学反应的污染物

58. 生态影响评价中，陆生野生动物的调查内容一般应包括（　　）。

A. 动物种类及区系组成

B. 分布范围及生境状况

C. 种群数量及繁殖规律

D. 迁徙行为及迁徙通道

59. 用收割法测定草地生产力时测定的主要内容有（　　）。

A. 地上部分生产量　　B. 地下部分生产量

C. 被动物采食量　　D. 枯死凋落量

60. 地下水污染治理工程技术中，就地恢复工程技术按其应用方式分为（　　）。

A. 就地处理　　B. 异地处理

C. 化学处理　　D. 生物处理

61. 下列工程需要进行运营期满后环境影响分析的有（　　）。

A. 造林工程　　B. 矿山建设工程

C. 公路主体工程　　D. 垃圾填埋场

62. 某建设所在区域声环境功能区为1类，昼间环境噪声限值为55dB（A），夜间环境噪声限值为45dB（A），则该区域声环境功能区的环境质量评价量为（　　）。

A. 昼间等效声级（L_d）≤55dB（A）

B. 夜间等效声级（L_n）≤45dB（A）

C. 昼间突发噪声的评价量≤70dB（A）

D. 夜间突发噪声的评价量≤60dB（A）

63. 生态风险的属性包括（　　）。

A. 不确定性　　B. 引发事件链

C. 危险性　　D. 带来不希望发生的后果或损失

64. 废水处理系统中有固体废物产生的包括（　　）。

A. 均质池　　B. 初沉池

C. 二沉池　　D. 曝气池

65. 对某城镇污水处理厂排水进行监测，分别于上午10时、下午3时各采样1次。可以对水样混合分析的项目有（　　）。

A. 动植物油类

B. 硫化物

C. 氨氮

D. 总磷

66. 城市固体废物处置常用的预处理方法有（　　）。

A. 压实　　B. 分选

C. 堆肥　　D. 破碎

67. 下列属于年老的城市生活垃圾填埋场（填埋时间一般在5年以上）渗滤液的水质特点的有（　　）。

A. pH 较低

B. 重金属离子浓度较高

C. BOD_5/COD 比值较低

D. BOD_5及 COD 浓度较低

68. 对可能造成地下水水质污染的建设项目，采取的场地污染防治对策有（　　）。

A. 均衡开采　　B. 源头控制

C. 风险事故应急响应　　D. 分区防治

69. 下列有关地表水的说法，正确的有（　　）。

A. 河川径流包括地面径流和地下径流两部分

B. 在径流形成过程中，常常将从降雨到径流形成称为汇流阶段

C. 径流系数指流域出口断面流量与流域面积的比值

D. 河流某断面以上区域内，由降水所产生的地面与地下径流均通过该断面流出时，这块区域称作流域面积

70. 某河流多年平均流量为 250m³/s，在流经城区河段拟建一集装箱货运码头，在环境影响预测分析中需关注的内容应包括（　　）。

A. 集中供水水源地　　B. 洄游性鱼类

C. 浮游生物　　D. 局地气候

71. 环境风险的防范和减缓措施应从（　　）方面考虑。

A. 开发建设项目活动特点、强度与过程

B. 所处环境的特点和敏感性

C. 建设项目的运行状况

D. 建设项目的经济效益

72. 下列属于自然环境调查的基本内容的有（　　）。

A. 气候与气象　　B. 地质、地形地貌

C. 地理位置　　D. 地面水环境

73. 当污染物由上而下经包气带进入含水层，其对地下水污染程度主要取决于包气带的（　　）。

A. 地质结构　　B. 岩性

C. 厚度　　D. 渗透性

74. 废水的二级处理出水消毒使用的消毒剂有（　　）。

A. 氯气　　B. 臭氧

C. 紫外线　　D. 溴

75. 建设项目环境风险分析中，泄漏液体的蒸发总量应包括（　　）。

A. 闪蒸蒸发量　　B. 热量蒸发量

C. 蒸汽蒸发量　　D. 质量蒸发量

76. 控制燃煤锅炉 NO_x 排放的有效方法有（　　）。

A. 非选择性催化还原法

B. 选择性催化还原法

C. 炉内喷钙法

D. 低氮燃烧技术

77. 下列适于用 S-P 模式进行水质预测的项目有（　　）。

A. 锌离子

B. 溶解氧

C. BOD

D. 悬浮物

78. 影响重金属污染物在包气带土层中迁移的主要因素包括（　　）。

A. 水的运移

B. 重金属的特性

C. 土层岩性

D. 含水层中水流速度

79. AERMOD 模式系统处理的点源参数包括（　　）。

A. 点源排放率

B. 烟气温度

C. 烟囱高度

D. 烟囱出口烟气排放速度

80. 进行环境噪声现状测量时，测量记录的内容应包括（　　）。

A. 有关声源运行情况

B. 测量仪器情况

C. 测量时的环境条件

D. 采样或计权方式

押题模拟试卷（三）

一、单项选择题（共 40 题，每题 1 分。每题的备选项中，只有 1 个最符合题意）

1. 某化工项目存在两种风险物质，在厂区最大存在量分别为 300t、113.8t，临界量分别为 40t、20t，则危险物质数量与临界量比值（Q）为（　　）。

A. 10.35　　B. 20.69

C. 13.19　　D. 6.90

2. A 企业年废水排放总量为 9 000m^3，排污系数取 0.7，废水处理设施进口 COD 质量浓度为 500mg/L。则 A 企业 COD 排放量为（　　）。

A. 3 150kg/a　　B. 630kg/a

C. 6 300kg/a　　D. 315kg/a

3. 建设项目环境影响识别不需要考虑（　　）。

A. 社会影响

B. 生态影响

C. 环境污染

D. 环境恢复方案

4. 下列关于污染型建设项目工程分析的说法，错误的是（　　）。

A. 资料复用法常用于评价工作等级较高的建设项目

B. 物料衡算法是用于计算污染物排放量的常规和最基本的方法

C. 污染型建设项目工程分析方法有资料复用法、类比法和物料衡算法

D. 类比法是用于拟建项目类型相同的现有项目的设计资料或实测数据进行工程分析的一种常用方法

5. 某企业 100m 高排气筒二氧化硫最高允许排放速率为 170kg/h，但是，在距该企业 100m 处有一栋建筑物高 105m，则该企业二氧化硫最高允许排放速率实际应为（　　）。

A. 170kg/h

B. 340kg/h

C. 85kg/h

D. 200kg/h

6. 某企业进行锅炉技术改造并增容，现有 SO_2 排放量是 200t/a（未加脱硫设施），改造后，SO_2 产生总量为 240t/a，安装了脱硫设施后 SO_2 最终排放量为 80t/a，则“以新带老”削减量为（　　）。

A. 13.32t/a　　B. 40t/a

C. 80t/a　　D. 133.4t/a

7. 环刀法取土壤样，体积含水量为 25%，湿容重为 2g/cm^3，则该土壤样干容重

为（　　）。

A. 0.5g/cm^3

B. 1.5g/cm^3

C. 1.75g/cm^3

D. 2.25g/cm^3

8. 某扩建工程拟向河流排放废水，废水量 Q_h =0.25m^3/s，苯酚浓度为 c_h =40mg/L，河流流量 Q_p =6.5m^3/s，流速 ν_x =0.4m/s，苯酚背景浓度为 c_p =0.8mg/L，苯酚的降解系数 K =0.25d^{-1}，忽略纵向弥散作用，在排放点下游 15km 处的苯酚浓度是（　　）。

A. 1.89mg/L　　B. 3.03mg/L

C. 5.47mg/L　　D. 2.21mg/L

9. 某高速公路原有长度 80km，拟建设延长线，延长 40km，延长线经过重要生态敏感区，其生态影响评价工作等级为（　　）。

A. 一级评价　　B. 二级评价

C. 三级评价　　D. 生态影响分析

10. 气温 22℃时，某河段溶解氧浓度为 8.0mg/L，该河段属于Ⅱ类水体，如采用单项指数法评价，其指数为（　　）。

A. 0.26　　B. 0.65

C. 2.50　　D. 1.40

11. 某企业给水系统示意图如下图所示（单位：m^3/d），该厂的用水重复利用率是（　　）。

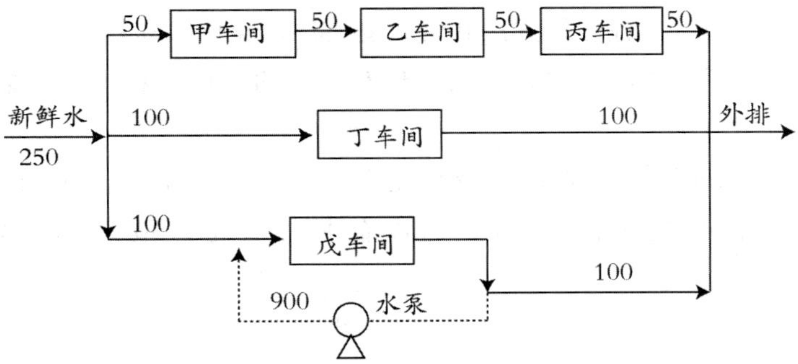

A. 50.5%　　B. 78.3%

C. 80.0%　　D. 84.0%

12. SO_2 的最大落地浓度值是日均值的 2 倍，则根据环境空气质量二级标准，SO_2 的最大落地浓度是（　　）。

A. 0.15mg/m^3

B. 0.30mg/m^3

C. 0.25mg/m^3

D. 0.50mg/m^3

13. 在分析依托设施的可行性时，如废水经简单处理后排入区域污水处理厂，需分析污水处理厂的工艺是否与项目（　　）相符，是否具有足够处理能力等。

A. 工艺　　B. 规模

C. 水质特征　　D. 水文特征

14. 某工厂年烧柴油 300t，重油 400t，柴油燃烧排放系数 1.1×10^4 m^3/t，重油燃烧排放系数 1.4×10^4 m^3/t，则废气年排放量为（　　）。

A. $8\ 600\times10^4$ m^3　　B. 860×10^4 m^3

C. $8\ 900\times10^4$ m^3　　D. 890×10^4 m^3

15. 已知两个声源对某一敏感目标的噪声贡献值均为 56dB，则该敏感目标接收的声压级是（　　）。

A. 57dB　　B. 58dB

C. 59dB　　D. 60dB

16. 工厂压片机产生噪声，距压片机 3m 处测得噪声为 80dB，某居民楼执行的噪声标准是 50dB，则居民楼应距压片机的距离是（　　）。

A. 65m　　B. 75m

C. 80m　　D. 95m

17. 下列不属于耗水量范畴的是（　　）。

A. 取水量

B. 产品含水量

C. 水处理用水量

D. 间接冷却水系统补充水量

18. 某铁路周围距铁路中心线 500m 处有居民楼，有一列 600m 火车通过时，测得距铁路中心线 250m 处的声压级为 65dB（A），则该居民楼的声压级为（　　）。

A. 62dB（A）　　B. 63dB（A）

C. 60.5dB（A）　　D. 76dB（A）

19. 某企业建一台 30t/h 蒸发量的锅炉，最大耗煤量为 2 500kg/h，引风机风量为 40 000m^3/h，全年用煤量为 6 000t，煤的含硫率为 1.5%，排入气相 80%，SO_2排放标准为 900mg/ m^3。则该企业 SO_2的最大排放量为（　　）。

A. 45 kg/h　　B. 60 kg/h

C. 75 kg/h　　D. 90 kg/h

20. 下列污染类别中，需预测所有因子的是（　　）。

A. 新增污染源的正常排放

B. 新增污染源的非正常排放

C. 削减污染源

D. 被取代污染源

21. 对于小型湖泊，当平均水深≥10m 时，应设（　　）取样点。

A. 1 个　　B. 2 个

C. 3 个　　D. 4 个

22. 采用样地调查收割法进行生物量实测，草本群落选用（　　）。

A. $100m^2$　　B. $200m^2$

C. $500m^2$　　D. $1\ 000m^2$

23. 已知某线声源长 10km，在距线声源 10m 处测得噪声值为 90dB，则 30m 处的噪声值为（　　）。

A. 78.0dB　　B. 81.0dB

C. 80.5dB　　D. 85.2dB

24. 由于周围建筑物引起的空气扰动，导致排气筒排出的污染物迅速扩散至地面，出现高浓度的情况，源强计算清单还应调查（　　）。

A. 建筑物高度

B. 建筑物下洗参数

C. 当地海拔

D. 地形状况

25. 为预防拟建项目对地下水的污染，环境影响评价中应优先进行的是（　　）。

A. 合理选址

B. 划定饮用水源保护区

C. 基础防渗

D. 优化生产工艺

26. （　　）会引起地下水的矿化度比较高。

A. 泉排泄　　B. 蒸发排泄

C. 泄流排泄　　D. 人工排泄

27. 某石化企业有机废气采用 RTO 处理设施，进口非甲烷总烃浓度为 $3g/Nm^3$，气量为 $25\ 000Nm^3$；出口非甲烷总烃浓度为 $70mg/Nm^3$，气量为 $35\ 000Nm^3$。该设施非甲烷总烃的去除率为（　　）。

A. 69.8%　　B. 96.7%

C. 97.7%　　D. 98.3%

28. 湖泊、水库水量与总容积是随时间而变的，关于计算中的标准，正确的是（　　）。

A. 一般以年水量变化的频率为 10%代表为多水年

B. 一般以年水量变化的频率为 20%代表为多水年

C. 一般以年水量变化的频率为 30%代表为中水年

D. 一般以年水量变化的频率为 10%代表为少水年

29. 有机废气处理燃烧炉子，炉膛长度为 5m，内径为 3m，从底往上 0.5m 处进入炉膛，从底往上 1m 处达到最高燃烧温度，处理废气 $36\ 000Nm^3/h$，停留时间为（　　）。

A. 3.52s　　B. 2.83s

C. 3.81s　　D. 4.65s

30. 某工程拟向河流排放废水，废水量 q 为 $0.15m^3/s$，BOD_5 浓度为 20mg/L。河流流量 Q 为 $2m^3/s$，BOD_5 背景浓度为 5mg/L，河流流速为 0.28m/s，BOD_5 的降解系数 k

为 $0.2d^{-1}$，则排放点下游 2km 处的 BOD_5 浓度为（　　）。

A. 5.95mg/L　　B. 6.31mg/L

C. 11.62mg/L　　D. 18.52mg/L

31. 宽浅河流中，污染物输移混合的主要物理过程是（　　）。

A. 对流、垂向扩散和纵向扩散　　B. 横向、纵向扩散和垂向扩散

C. 对流、垂向扩散和横向扩散　　D. 对流、横向扩散和纵向扩散

32. 水质参数排序公式 $ISE=c_{pi}Q_{pi}/(c_{si}-c_{hi})Q_{hi}$ 中，c_{pi} 为（　　）。

A. 水污染物 i 的排放浓度

B. 水质参数 i 的地表水水质标准

C. 评价河段水污染物 i 的浓度

D. 含水污染物 i 的废水排放量

33. 固体声的治理措施是（　　）。

A. 安装隔声屏障

B. 安装消声器

C. 隔振

D. 安装隔声窗

34. 城市污水处理厂厌氧工艺无组织排放的废气中，含氮污染物主要是（　　）。

A. NO　　B. NO_2

C. N_2O　　D. NH_3

35. 建设项目竣工环境保护验收时，对生产稳定且污染物排放有规律的废水排放源，以生产周期为采样周期，采样不得少于（　　）周期，每个周期 3～5 次。

A. 2 个　　B. 3 个

C. 4 个　　D. 1 个

36. 某拟建啤酒厂污水达标处理后直接排入一河流，该排放口上游 700m 处有一养殖小区，河流不受回流影响，现状调查时在上游布设的监测断面距排放口的最远距离是（　　）。

A. 200m　　B. 500m

C. 800m　　D. 1 200m

37. 河流排污混合区内污染物迁移转化的主要过程是（　　）。

A. 物理过程　　B. 化学过程

C. 生物过程　　D. 降解过程

38. 景观敏感度评价中，景观表面相对于观景者的视线坡度为（　　），视为“极敏感”。

A. 小于 20%　　B. 20%～30%

C. 30%～45%　　D. 大于 45%

39. 我国现有环境噪声标准中，主要评价量为（　　）。

A. 等效声级和计权有效感觉噪声级

B. 等效声级和计权有效感觉连续噪声级

C. 等效连续 A 声级和计权等效连续感觉噪声级

D. A 计权等效声级和计权等效连续噪声级

40. 某次样方调查资料给出了样方总数和出现某种植物的样方数，据此可以计算出该种植物的（　　）。

A. 密度　　B. 优势度

C. 频度　　D. 多度

二、不定项选择题（共 40 题，每题 2 分。每题的备选项中，至少有 1 个符合题意。多选、错选、少选均不得分）

41. 下列关于工程分析物料衡算法的说法，错误的有（　　）。

A. 此法运用质量守恒定律核算污染物排放量

B. 生产过程中投入系统的物料总量必须等于产品数量

C. 该方法只能在评价等级较低的建设项目工程分析中使用

D. 物料衡算法是用于计算污染物排放量的常规和最基本的方法

42. 自然环境调查中，建设项目所在地区的主要气候特征有（　　）。

A. 年平均气温　　B. 云量

C. 年平均风速　　D. 平均降水量

43. 污水中氨氮的来源为（　　）。

A. 生活污水　　B. 尿素生产废水

C. 钢铁工业废水　　D. 染料废水

44. 下列属于复氧系数 K_2 的单独估值方法的有（　　）。

A. Kol 法　　B. 丘吉尔经验式

C. 欧康那—道宾斯公式　　D. 欧文斯等人经验式

45. 下列关于环境要素的说法，正确的有（　　）。

A. 环境要素组成环境结构单元

B. 通常指自然环境要素

C. 是构成人类环境整体的各个独立的、性质不同的而又服从整体演化规律的基本物质成分

D. 是由于人类活动引起环境灾害所导致的灾害

46. 大气环境影响预测时，如预测计算点距离源中心＞1 000m，采用极坐标网格布点法，下列（　　）网格间距布置是合理的。

A. 500m　　B. 600m

C. 700m　　D. 150m

47. 下列属于二氧化硫防治措施的有（　　）。

A. 活性炭法　　B. 磷铵肥法

C. 氨法　　D. 泥煤碱法

48. 建设项目场地土壤污染防治措施有（　　）。

A. 源头防控措施

B. 过程防控措施

C. 跟踪监测计划

D. 就地恢复措施

49. 无组织排放源的源强确定方法有（　　）。

A. 资料复用法　　B. 物料衡算法

C. 类比法　　D. 反推法

50. 下列关于声环境现状监测的布点原则的说法，正确的有（　　）。

A. 布点应覆盖整个评价范围，仅包括厂界（或场界、边界）

B. 当敏感目标高于（含）3 层建筑时，应选取有代表性的不同楼层设置测点

C. 评价范围内没有明显的声源，且声级较低时，可选择有代表性的区域布设测点

D. 评价范围内有明显的声源，并对敏感目标的声环境质量有影响，应根据声源种类采取不同的监测布点原则

51. 城市生活垃圾填埋场渗滤液的特点包括（　　）。

A. 成分复杂

B. 重金属浓度和市政污水中重金属浓度基本一致

C. 表现出很强的综合污染特征

D. 可生化性良好

52. 采用化学沉淀法处理污水，下列药剂中，可作为沉淀剂的有（　　）。

A. 明矾　　B. 石灰

C. 钡盐　　D. 铁屑

53. 按埋藏条件，地下水可分为（　　）。

A. 孔隙水　　B. 包气带水

C. 潜水　　D. 承压水

54. 污泥处理过程中的化学稳定过程包括（　　）。

A. 化学氧化　　B. 消毒处理

C. 脱水处理　　D. pH 值调整

55. 生物多样性通常包括（　　）。

A. 基因多样性

B. 种群多样性

C. 物种多样性

D. 生态系统多样性

56. 根据《环境影响评价技术导则　地下水环境》，下列（　　）属于建设项目地下水环境影响预测数学模型法。

A. 数值法　　B. 解析法

C. 均衡法　　D. 时序分析

57. 垃圾焚烧尾气中的含氯废气适合采用（　　）。

A. 碱液吸收处理

B. 硅酸钠溶液吸收处理

C. 碳酸钠溶液吸收处理

D. 石灰水洗涤

58. 下列处理烃类废气措施中，属于回收类方法的有（　　）。

A. 燃烧法

B. 吸附法

C. 膜分离法

D. 催化氧化法

59. 在出现稳定温跃层的水库中，温跃层以下的状态为（　　）。

A. 水中溶解氧接近饱和

B. 水中溶解氧较低

C. 水温高于温跃层以上水温

D. 可能出现缺氧区

60. 影响水环境质量现状调查时间确定的因素有（　　）。

A. 根据当地的水文资料确定丰、平、枯水期，同时确定三个时期的对应季节或月份

B. 评价等级影响，三级评价一般可只在枯水期调查

C. 当被调查的范围内面源污染严重，丰水期水质比枯水期严重时，一级评价的各类水域须调查丰水期，二、三级如果时间允许可进行丰水期调查

D. 冰封时间较长的水域，或作为生活饮用水、食品加工水的水域和渔业用水时，应调查冰封期的水质水文情况

61. 以下为一份同一水样的水质监测数据，其中数据不合理的有（　　）。

A. COD_{Cr}150mg/L，$BOD_5$140mg/L，高锰酸盐指数 36mg/L

B. COD_{Cr}150mg/L，$BOD_5$40mg/L，高锰酸盐指数 156mg/L

C. COD_{Cr}150mg/L，$BOD_5$40mg/L，高锰酸盐指数 36mg/L

D. COD_{Cr}150mg/L，$BOD_5$150mg/L，高锰酸盐指数 36mg/L

62. 高空气象观测资料的常规调查项目包括（　　）。

A. 探空数据层数

B. 干球温度

C. 降水类型

D. 风向风速

63. 为预防拟建固体废物填埋场对地下水的污染影响，应采取的措施包括（　　）。

A. 按有关标准要求选址

B. 防渗

C. 地下水分层开采

D. 划定饮用水源保护区

64. 下列关于氧垂曲线的说法，正确的有（　　）。

A. 氧垂曲线的最低点称为临界氧亏点

B. 临界氧亏点的亏氧量称为最大亏氧量

C. 氧垂曲线图上临界氧亏点的右侧，耗氧大于复氧

D. 在临界氧亏点处，耗氧和复氧平衡

65. 在进行环境影响经济损益分析时，一般从以下（　　）方面来筛选环境影响。

A. 影响是否内部的或已被控抑

B. 影响是小的或不重要的

C. 影响是否有关人体健康

D. 影响能否被量化和货币化

66. 废物填埋场渗滤液主要来源有（　　）。

A. 地表水　　B. 地下水

C. 处置在填埋场的废物所含的水　　D. 降水

67. 根据《环境影响评价技术导则　生态影响》，关于香农-威纳指数公式 $H=-\sum_{i=1}^{s}p_i\ln(p_i)$，下列关于参数的说法正确的有（　　）。

A. H 为群落的多样性指数

B. H 为种群的多样性指数

C. p_i 为样品中属于第 i 种的个体比例

D. s 为种数

68. 建设项目选址进行环境合理性论证时，应考虑（　　）。

A. 是否与规划相协调

B. 是否影响敏感的环境保护目标

C. 是否违反法规要求

D. 是否满足环境功能区要求

69. 景观生态学对生态环境质量状况的评判是通过（　　）进行的。

A. 空间结构分析

B. 物种量分析

C. 生物生产力分析

D. 功能与稳定性分析

70. 污染型建设项目的工程分析应给出（　　）等内容。

A. 工艺流程及产污环节

B. 污染物源强核算

C. 项目周围污染源的分布及源强

D. 环保措施与污染物达标排放

71. 验收调查报告编制的技术总体要求包括（　　）。

A. 正确确定验收调查范围和适用的调查方法

B. 质量保证和质量控制

C. 明确验收调查重点

D. 选取验收调查因子

72. 建设项目环境影响评价中，环境现状调查与评价得出的结果有（　　）。

A. 项目区土地利用状况

B. 环境质量状况

C. 项目对环境敏感目标的影响

D. 项目实施存在的环境制约因素

73. 甲、乙两工厂和村庄的相对位置如图所示。在出现正南、正北、正西、正东风的条件下，两工厂的大气污染源对村庄的影响状况可能为（　　）。

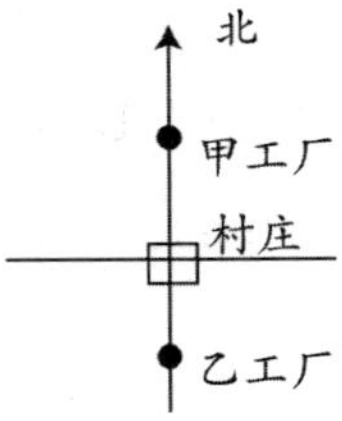

A. 两个工厂大气污染源都不影响

B. 两个工厂大气污染源共同影响

C. 甲厂大气污染源影响

D. 乙厂大气污染源影响

74. 某工业建设项目分三期建设，一期工程已投产，二期工程在建，三期工程正在做环境影响评价，大气环境影响预测结果至少需给出（　　）。

A. 一期工程预测

B. 现状监测值

C. 三期工程预测

D. 二期和三期工程预测结果与现状监测值叠加

75. 水文地质条件调查主要内容包括（　　）。

A. 地下水背景值

B. 地下水监测井深度

C. 包气带岩性

D. 土壤和植被状况

76. 海洋生态系统功能要素目前着重调查（　　）。

A. 初级生产力

B. 中级生产力

C. 新生产力

D. 细菌生产力

77. 根据《建设项目环境影响评价分类管理名录》，应确定为环境敏感区的有（　　）。

A. 基本农田保护区　　　　B. 天然湿地

C. 鱼类产卵场　　　　D. 文教区

78. 下列关于费用效益分析中贴现率参数对环境保护作用的说法，正确的有（　　）。

A. 一般来说，高贴现率有利于环境保护

B. 若取贴现率为10%，则10年后的100元钱只相当于现在的38.5元

C. 贴现率并非越小越好

D. 进行项目费用效益分析时，只能使用一个贴现率

79. 环境的使用价值通常包含（　　）。

A. 直接使用价值　　B. 间接使用价值

C. 选择价值　　D. 遗赠价值

80. 采用垂向防渗技术的前置条件包括（　　）。

A. 由于地形条件限制，无法进行地面防渗

B. 由于已有装置的限制而无法开展地面防渗

C. 由于已有大量固废堆存而无法开展地面防渗

D. 地下水污染范围已超出厂界且需切断污染向厂界外传输途径

押题模拟试卷（四）

一、单项选择题（共40题，每题1分。每题的备选项中，只有1个最符合题意）

1. 对于新建项目，污染源调查与分析的方法有（　　）。

   A. 现场实测法、类比法和经验估计法

   B. 类比调查、物料衡算法和设计资料

   C. 物料衡算法和现场实测法

   D. 现场调查和现场实测法

2. 某工厂年排放废水总量为1.1万m^3，排污系数设为0.7，未设置排水流量监测，污水处理设施进口处COD浓度为550mg/L，处理后排放COD浓度为110mg/L，则该工厂每年去除COD（　　）。

   A. 3 388kg

   B. 3 388 000kg

   C. 847kg

   D. 847 000kg

3. 某印染厂上报的统计资料显示新鲜工业用水0.8万t，但其水费单显示新鲜工业用水1万t，无监测排水流量，排污系数取0.7，其工业废水排放（　　）。

   A. 1.26万t　　B. 0.56万t

   C. 0.75万t　　D. 0.7万t

4. 某厂锅炉，最大耗煤量为50kg/h，含硫量为1.0%，煤中硫转成SO_2的转化率取80%，则烟气SO_2排放量为（　　）。

   A. 222.2mg/s　　B. 800mg/h

   C. 3.99mg/L　　D. 111.1mg/s

5. 下列不属于环境影响预测方法的是（　　）。

   A. 专业判断法　　B. 数学模式法

   C. 反推法　　D. 类比调查法

6. 某技改项目NO_2对附近的环境保护目标（二类区）预测小时贡献值为0.05mg/m^3，现状监测值为0.10mg/m^3，削减污染源计算值为0.05mg/m^3，在环境保护目标附近另有一拟新建项目，据环评报告该项目预测小时贡献值为0.10mg/m^3，则技改完成和新建项目完成后保护目标的小时浓度值和达标情况是（　　）。

   A. 0.25mg/m^3，不达标

   B. 0.10mg/m^3，达标

   C. 0.20mg/m^3，不达标

   D. 0.20mg/m^3，达标

7. 下图为某厂 A、B、C 三个车间的物料关系，下列物料衡量系统表达正确的是（　　）。

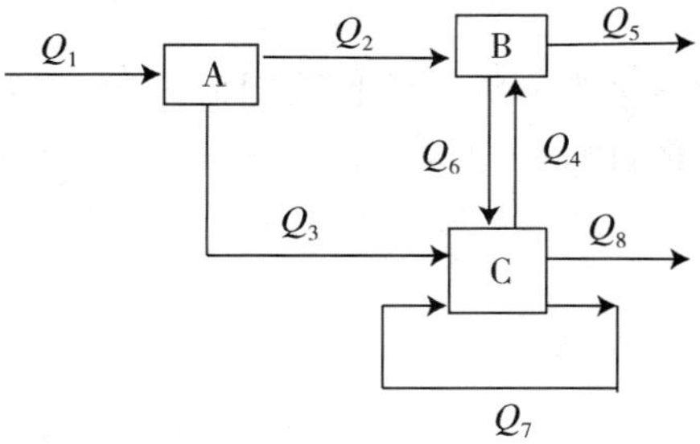

A. $Q_1 = Q_5 + Q_8$

B. $Q_3 + Q_4 = Q_6 + Q_8$

C. $Q_2 + Q_3 = Q_5 + Q_7$

D. $Q_2 + Q_3 + Q_4 = Q_5 + Q_6 + Q_8$

8. 一均匀稳态河段，河宽 $B = 100$m，平均水深 $H = 2$m，流速 $u = 0.5$m/s，平均底坡 $i = 0.000\ 5$。一个拟建项目以岸边和河中心两种方案排放污水的完全混合距离分别是（　　）。

A. 26 374.7m，6 593.7m

B. 17 394.7m，7 903.6m

C. 6 593.7m，26 374.7m

D. 27 875.3m，6 694.8m

9. 某水样 pH 值为 6.5，采用单项指数法评价的标准指数为（　　）。

A. 0.7　　　　B. 0.5

C. 2.5　　　　D. 4.0

10. 某占地 41km² 化工园区中拟建聚氯乙烯项目，项目厂界距园区管委会办公楼（员工 400 人）约 500m，项目厂界东侧距化肥厂（员工 1 600 人）约 500m。项目厂界外西侧、北侧 5km 范围内有 12 个自然村（人口总数为 8 100 多人）。该项目环境风险评价专项中大气环境敏感程度是（　　）。

A. E0 环境极度敏感

B. E1 环境高度敏感

C. E2 环境中度敏感

D. E3 环境低度敏感

11. 对于最终排入环境的污染物，确定其是否达标排放，达标排放必须以建设项目的（　　）负荷核算。

A. 最小　　　　B. 最大

C. 平均　　　　D. 中等

12. 下列不属于污染物分析内容的是（　　）。

A. 污染物排放总量建议指标

B. 物料平衡与水平衡

C. 工艺流程及污染物产生环节分析

D. 无组织排放源强统计及分析

13. 某镀锌厂项目，大气环境影响评价等级为一级，评价范围为 5km×5km 的矩形，则大气环境影响评价需考虑的环境保护目标为（　　）。

A. 距厂址中心 2km 的水泥厂

B. 距厂址中心 4km 的学校

C. 距厂址中心 8km 的村庄

D. 距厂址中心 1km 的乳品厂

14. 某声音的声压为 0.05Pa，则其声压级为（　　）。

A. 63dB　　B. 65dB

C. 68dB　　D. 70dB

15. 海洋生态调查中，浮游植物调查采水样品显微鉴定计数时分（　　）粒级。

A. 2 个　　B. 3 个

C. 4 个　　D. 5 个

16. 某企业建一台 10t/h 蒸发量的燃煤蒸汽锅炉，最大耗煤量为 1 600kg/h，引风机风量为 15 000m^3/h，全年用煤量为 4 000t，煤的含硫量为 1.2%，排入大气 80%，二氧化硫的排放量标准 900mg/m^3。该企业达标排放脱硫效率应大于（　　）。

A. 52.6%　　B. 56.1%

C. 60.7%　　D. 76.0%

17. 饱水岩石在重力作用下释出的水的体积与岩石体积之比，称（　　）。

A. 持水度　　B. 给水度

C. 容水度　　D. 孔隙度

18. 下列不属于渗透系数计算方法的是（　　）。

A. 现场测定法　　B. 实验室测定法

C. 解析法　　D. 经验估算法

19. 景观敏感度评价中，相对距离是一个评价指标，一般将景观与观景者（　　）距离，视为“中等敏感”。

A. 小于 400m　　B. 400～800m

C. 800～1 600m　　D. 大于 1 600m

20. 某建设项目生产的废溶剂含（　　），属危险废物，焚烧后含 HCl，需采用相应的尾气处理措施。

A. 焦油　　B. 氯仿

C. 乙醚　　D. 苯

21. 某水生生态系统调查时，采用黑白瓶法测定初级生物量。初始瓶（*IB*）＝5.0mg/L，黑瓶（*DB*）＝3.5mg/L，白瓶（*LB*）＝9mg/L，则净初级生物量和总初级生物量分别为（　　）。

A. 5.5mg/L，1.5mg/L

B. 4.0mg/L，5.5mg/L

C. 1.5mg/L，4.0mg/L

D. 1.5mg/L，5.5mg/L

22. 预测某发声源在 15m 处的预测点的等效声级贡献值为 60dB，而该预测点的背景值为 70dB，则该处的预测等效声级为（　　）。

A. 70.4dB　　B. 72.4dB

C. 75dB　　D. 76dB

23. 某工厂机器噪声源附近测得噪声声压级为 70dB，背景值为 63dB，则该机器的噪声声压级是（　　）。

A. 65dB　　B. 63dB

C. 67dB　　D. 69dB

24. 有一列和谐号动车正在运行，该火车长为 400m，距铁路中心线 30m 处测得声压级为 90dB，有一居民楼距铁路中心线 90m 远，该居民楼的声压级为（　　）。

A. 79dB　　B. 81dB

C. 83dB　　D. 85dB

25. 某工程使用固体物作为冶金造渣剂，用量为 100kg/h，在工艺过程中，95%进入废渣，5%进入气体，除尘器除尘率 99%，排入大气的烟尘量是（　　）。

A. 0.02kg/h　　B. 0.03kg/h

C. 0.04kg/h　　D. 0.05kg/h

26. 下列不属于危险废物特性的是（　　）。

A. 反应性　　B. 腐蚀性

C. 易燃性　　D. 刺激性

27. 某大气环境监测点总监测数据 50 个，其中，超标数据有 15 个，不符合监测技术规范要求的数据有 8 个，未检出点数的数据为 5 个，则超标率为（　　）。

A. 40.5%　　B. 35.7%

C. 33.3%　　D. 30.0%

28. 植被破坏的生态补偿量不应少于破坏量，具体补偿量确定原则为（　　）。

A. 等面积补偿

B. 等当量生物物质补偿

C. 等植株数量补偿

D. 等植物种类补偿

29. 生活垃圾填埋场可以处置（　　）。

A. 油泥焚烧残渣

B. 医疗废弃物

C. 生活垃圾焚烧残渣

D. 生活垃圾焚烧飞灰

30. 环境影响经济评价法中，医疗费用法、人力资本法、生产力损失法、防护费用法的特点是（　　）。

A. 都有完善的理论基础

B. 基于费用和价格的评估方法

C. 基于人力资本的评估方法

D. 基于经济损失的评估方法

31. 用放射性标记物测定自然水体中的浮游植物光合作用固定的某元素要用“暗呼吸”法做校正，这是因为植物在黑暗中能吸收（　　）。

A. O_2　　B. H_2

C. N_2　　D. ^{14}C

32. 公路项目环境影响评价的噪声防治措施中，应优先考虑（　　）。

A. 声源控制　　B. 声屏障

C. 线路与敏感目标的合理距离　　D. 个人防护

33. 某排水渠长 2 500m，南侧与浅层地下水联系密切，已知该侧地下水水位坡降梯度为 2%，渗透系数为 10m/d。水力梯度代表段的水层厚 2m，排水渠向南侧地下水渗漏补给量是（　　）。

A. 1 000m^3/d　　B. 2 000m^3/d

C. 3 000m^3/d　　D. 4 000m^3/d

34. 某项目拟建环境空气质量二类区（SO_2 24h 平均浓度限值为 150$\mu g/m^3$，1h 平均浓度限值为 500$\mu g/m^3$）。补充监测站的 SO_2 1h 浓度为 620$\mu g/m^3$。该站位 SO_2 1h 浓度的超标倍数是（　　）。

A. 0.24　　B. 1.24

C. 2.30　　D. 3.10

35. 在工业废水处理中，可投加沉淀剂［$Ca(OH)_2$］去除废水中的（　　）。

A. 氰化物　　B. 砷

C. 六价铬　　D. 氟化物

36. 以铜、铂、钒、钼、锰等的氧化物为催化剂，以氨、硫化氢、一氧化碳为还原剂，选择出最适宜的温度范围进行脱氮反应。此方法称（　　）。

A. 非选择性催化还原法　　B. 催化氧化法

C. 选择性催化还原法　　D. 活性炭法

37. 下列不属于生态风险识别方法的是（　　）。

A. 问卷调查法　　B. 风险因素预先分析法

C. 类比法　　D. 环境分析法

38. 建设项目竣工环境保护验收时，验收水质监测采样过程中应采集不少于（　　）的平行样。

A. 5%　　B. 10%

C. 15%　　D. 20%

39. 以下属于环境水文地质问题调查内容的是（　　）。

A. 含水层的岩性

B. 隔水层的岩性

C. 地下水背景值

D. 天然劣质水分布状况

40. 关于废水生物处理的说法，正确的是（　　）。

A. 改进曝气类型适用于需要实现过高去除率的情况

B. 延时曝气工艺的 BOD_5 负荷比传统负荷法低

C. 完全混合法活性污泥处理工艺一般比运行良好的推流式活性污泥工艺的污染物去除率高

D. 吸附再生法适用于运行管理条件较好并有冲击负荷的情况

二、不定项选择题（共 40 题，每题 2 分。每题的备选项中，至少有 1 个符合题意。多选、错选、少选均不得分）

41. 某北方河流，冬季及夏季模拟时段流量相同，已知氨氮冬季耗氧速率 K_{1w}，夏季模拟氨氮耗氧速率 K_{1s} 时，可（　　）。

A. 近似采用 $K_{1s} \approx K_{1w}$

B. 根据温度修正 $K_{1s} > K_{1w}$

C. 重新测定 K_{1s}

D. 取 $K_{1s} < K_{1w}$

42. 环保措施方案分析的内容包括（　　）。

A. 分析依托设施的可行性

B. 分析建设项目可研阶段环保措施方案的技术经济可行性

C. 分析项目采用污染处理工艺，排放污染物达标的可靠性

D. 分析环保设施投资构成及其在总投资中所占的比例

43. 下列关于蒸发的说法，正确的有（　　）。

A. 空气中的水汽主要来源于地表水、地下水、土壤和植物的蒸发

B. 水面蒸发的速度和数量取决于许多因素，但主要取决于气温和相对湿度的对比关系

C. 水面蒸发过程中，风速愈大，蒸发就愈强烈

D. 蒸发包括水面蒸发和土面蒸发两种

44. 某山岭重丘区拟新建一条局部路段穿越永久基本农田的高速公路，在进行施工期工程分析时，应重点分析（　　）。

A. 对该区域生态系统的阻隔影响

B. 对线路临近工厂的噪声影响

C. 对沿线景观的影响

D. 对永久基本农田占用的影响

45. 地下水三级评价适宜的方法有（　　）。

A. 回归分析法

B. 类比预测法

C. 趋势外推法

D. 解析法

46. 生态环境保护战略特别注重保护的地区有（　　）。

A. 城市居民区

B. 生态环境良好的地区

C. 生态系统特别重要的地区

D. 工业开发区

47. 下列大气污染物中，属于基本污染物的有（　　）。

A. SO_2

B. $PM_{2.5}$

C. H_2S

D. NH_3

48. 采用类比法进行工程分析时，应充分注意分析对象与类比对象之间的相似性和可比性，具体需注意（　　）。

A. 环境特征的相似性

B. 投资渠道的相似性

C. 工程一般特征的相似性

D. 污染物排放特征的相似性

49. 为便于分析和采取对策，要将生态影响划分为（　　）。

A. 有利影响和不利影响

B. 可逆影响与不可逆影响

C. 近期影响与长期影响

D. 局部影响与区域影响

50. 根据《环境影响评价技术导则　地下水环境》，下列关于不同地下水环境影响评价等级应采用的预测方法，说法正确的有（　　）。

A. 一级评价中水文地质条件简单时可采用解析法

B. 二级评价中水文地质条件复杂时应采用数值法

C. 二级评价中，水文地质条件简单时可采用解析法

D. 三级评价可采用回归分析、趋势外推、时序分析或类比预测法

51. 水生态系统初级生产量的测定方法包括（　　）。

A. 叶绿素测定法

B. 氧气测定法

C. CO_2测定法

D. 放射性标记物测定法

52. 在声环境影响评价中，需考虑地面效应引起的附加衰减条件包括（　　）。

A. 预测点距声源 50m 以上

B. 声源距地面高度和预测点距地面高度平均值小于 30m

C. 声源与预测点之间的地面为软地面

D. 声源与预测点之间的地面为硬地面

53. 土壤环境污染影响型的建设项目影响途径主要包括（　　）。

A. 大气沉降

B. 土壤酸化

C. 垂直入渗

D. 地面漫流

54. 某水库月初蓄水量为 $4.5\times10^4\ m^3$，当月入库水量 $8.4\times10^4\ m^3$，库面降水量 $0.1\times10^4\ m^3$，出库水量 $5\times10^4\ m^3$，月末蓄水量 $4.6\times10^4\ m^3$，库底无渗漏。上述信息表明（　　）。

A. 入库水量或出库水量有误

B. 水量统计数据不完整

C. 尚未计入水面蒸发损失

D. 月末蓄水量应进行更正

55. 环境的使用价值通常包含直接使用价值、间接使用价值和选择价值。一片森林环境的间接使用价值包括（　　）。

A. 涵养水源

B. 防风固沙

C. 平衡碳氧

D. 外出旅游

56. 关于大气环境防护距离，以下说法正确的有（　　）。

A. 当无组织源排放多种污染物时应分别计算，并按计算结果的最大值确定其大气环境防护距离

B. 对于属于同一生产单元的无组织排放源，应合并作为单一面源计算并确定其大气环境防护距离

C. 对于属于同一生产区的无组织排放源，应分别计算并确定其大气环境防护距离

D. 对于属于同一生产工段的无组织排放源，应合并作为单一面源计算并确定其大气环境防护距离

57. CALPUFF 模式所需参数应包括（　　）。

A. 地表粗糙度　　B. 扩散参数

C. 干沉降参数　　D. 土地利用类型

58. 城市污水处理厂污泥稳定过程有（　　）。

A. 厌氧消化　　B. 好氧消化

C. 化学稳定和混合　　D. 污泥浓缩

59. 汞及其化合物废气处理的常用方法有（　　）。

A. 吸收法　　B. 吸附法

C. 冷凝法　　D. 燃烧法

60. 通过实测水文水质资料建立河流稳态水质数学模型后，预测排污对河流水质的影响需要确定（　　）。

A. 拟预测的排污状况　　B. 设计水文条件

C. 水质数学模型参数　　D. 边界条件

61. 在城市垃圾填埋场的环境影响评价中，应对（　　）进行分析或评价。

A. 填埋场废气产量

B. 废气的综合利用途径

C. 集气、导气系统失灵状况下的环境影响

D. 废气利用方案的环境影响

62. 下列参数中，决定优势度值大小的有（　　）。

A. 密度　　B. 频率

C. 景观比例　　D. 景观面积

63. 地下水水文地质试验方法有（　　）。

A. 抽水试验　　B. 注水试验

C. 渗水试验　　D. 淋溶试验

64. 生态影响评价中应用生态机理分析法进行影响预测，需要（　　）等基础资料。

A. 环境背景现状调查

B. 动植物分布、动物栖息地和迁徙路线调查

C. 种群、群落和生态系统的分布特点、结构特征和演化情况描述

D. 珍稀濒危物种及具有重要价值的物种识别

65. 建设项目竣工环境保护验收时，污染物达标排放需监测（　　）。

A. 建设项目的无组织排放

B. 各种废水、废气处理设施的处理效率

C. 国家规定总量控制污染物指标的污染物排放总量

D. 排放到环境中的各种有毒工业固（液）体废物及其浸出液

66. 敏感度评价的判别指标有（　　）。

A. 平坦度　　B. 相对位置

C. 视见频率　　D. 景观醒目程度

67. 下列属于建设项目竣工环境保护验收监测与调查的内容范围的有（　　）。

A. 检查污染物排放总量控制情况

B. 监测分析评价治理设施处理效果或治理工程的环境效益

C. 监测统计国家规定的总量控制污染物排放指标的运行情况

D. 检查清洁生产考核指标达标情况

68. 建设项目工业取水量包括（　　）。

A. 工艺用水量　　　　　　　　　　B. 生产用水量

C. 间接冷却水量　　　　　　　　　D. 生活用水量

69. 水库渔业资源调查中，鱼类调查的调查内容包括（　　）。

A. 种类组成

B. 渔获物分析

C. 主要经济鱼类年龄与生长

D. 虾等水生经济动物

70. 城市生活垃圾填埋场（填埋时间在 5 年以下）渗滤液的水质特点包括（　　）。

A. pH 较低

B. 重金属离子浓度较高

C. BOD_5/COD 比值较低

D. BOD_5及 COD 浓度较高

71. 下列污水处理方法中，属于深度处理方法的有（　　）。

A. 活性污泥法　　　　　　　　　　B. 超级过滤法

C. 反渗透法　　　　　　　　　　　D. 加压气浮法

72. 成功的植被重建和绿化需要（　　）。

A. 投资有保障　　　　　　　　　　B. 可行性

C. 技术培训　　　　　　　　　　　D. 效益

73. 下列关于环境噪声现状测量量的说法，正确的有（　　）。

A. 环境噪声测量量为 A 声级及等效连续 A 声级

B. 脉冲噪声应同时测量 A 声级及脉冲周期

C. 高声级的突发性噪声测量量为最大 A 声级及等效连续 A 声级

D. 机场飞机噪声的测量量为计权等效连续感觉噪声级（WECPNL）

74. 下列属于土壤理化特性调查内容的有（　　）。

A. 土壤结构　　　　　　　　　　　B. 土壤质地

C. 土壤类型　　　　　　　　　　　D. 土壤分布

75. 收集的某地下水监测井年内丰、枯水期两期地下水质监测资料，水质监测项目共有 18 项，均为《地下水质量标准》规定的监测项目，可利用该资料进行（　　）。

A. 单项组分评价　　　　　　　　　B. 综合评价

C. 地下水级别划分　　　　　　　　D. 污染物迁移特征分析

76. 动物调查的内容一般应包括（　　）。

A. 动物的种类　　　　　　　　　　B. 种群数量

C. 生境类型　　　　　　　　　　　D. 分布情况

77. 海洋生态评价包括（　　）。

A. 海洋生物群落结构分析与评价　　B. 海洋生物量评价

C. 海洋生产力评价　　　　　　　　D. 海洋生态系统功能评价

78. 下列环境灾害中，属于气象水文灾害的有（　　）。

A. 洪涝　　B. 泥石流

C. 沙尘暴　　D. 雪崩

79. 下列废物中可以进入水泥窑协同处置的有（　　）。

A. 反应性废物

B. 工业污水处理污泥

C. 动植物加工废物

D. 生活垃圾

80. 有限长线声源的噪声预测，可依据预测点与线声源的距离和声源长度之间的关系，分别按（　　）进行计算。

A. 无限长线声源

B. 点声源

C. 有限长线声源

D. $L_p(r)=L_p(r_0)-15\lg(r/r_0)$

押题模拟试卷（五）

一、单项选择题（共 40 题，每题 1 分。每题的备选项中，只有 1 个最符合题意）

1. 某锅炉燃煤量 100t/h，煤含硫量 1%，硫进入灰渣中的比例为 20%，烟气脱硫设施的效率为 80%，则排入大气中的 SO_2 量为（　　）。

   A. 0.08t/h　　B. 0.16t/h

   C. 0.32t/h　　D. 0.40t/h

2. 某新建企业燃油锅炉的燃油量为 10 000t/a，柴油含硫量 1%，当地环保部门分配给该企业 SO_2 总量指标为 40t/a，则该锅炉脱硫效率应大于（　　）。

   A. 85%　　B. 80%

   C. 75%　　D. 60%

3. 某拟建项目，经预测对附近的环境空气敏感区的 SO_2 的贡献值是 0.1mg/m³，最大地面浓度点的贡献值是 0.2mg/m³。该环境空气敏感区的 SO_2 现状监测值的平均值为 0.2mg/m³，最大值为 0.25mg/m³，最小值为 0.18mg/m³，则该项目建成后，环境空气敏感区和最大地面浓度点的 SO_2 质量浓度分别是（　　）。

   A. 0.30mg/m³，0.40mg/m³

   B. 0.35mg/m³，0.45mg/m³

   C. 0.35mg/m³，0.40mg/m³

   D. 0.28mg/m³，0.38mg/m³

4. 某工厂监测得到标准状态下的烟气流量为 180m³/h，烟气治理设施进口浓度为 1 100mg/m³，治理后浓度为 180mg/m³，未设置监测二氧化硫排放浓度装置，每年运行 320d，每天 18h，且每年燃煤量为 250t，燃煤含硫量为 1.2%，未设置除硫设施。该工厂烟气去除量为（　　）。

   A. 954t　　B. 231t

   C. 480t　　D. 1 140t

5. 某企业年烧柴油 200t，重油 300t，柴油燃烧排放系数 1.2 万 m³/t，重油燃烧排放系数 1.5 万 m³/t，废气年排放量为（　　）。

   A. 660 万 m³　　B. 690 万 m³

   C. 6 600 万 m³　　D. 6 900 万 m³

6. 地下水一级评价应该采用的预测方法是（　　）。

   A. 解析法

   B. 数值法

   C. 均衡法

   D. 回归分析法

7. 已知某河的干支流汇流前的流量分别是 $9m^3/s$ 和 $1m^3/s$，NH_3-N 浓度分别为 0.2mg/L和 2.0mg/L，干支流汇流混合后的 NH_3-N 浓度是（　　）。

A. 1.10mg/L　　B. 0.38mg/L

C. 1.90mg/L　　D. 0.76mg/L

8. 某燃煤锅炉烟气采用碱性水膜除尘器处理。已知燃煤量 2 000kg/h，燃煤含硫量 1.5%，进入灰渣硫量 6kg/h，除尘器脱硫率为 60%，则排入大气中的二氧化硫量为（　　）。

A. 4.8kg/h

B. 9.6kg/h

C. 19.2kg/h

D. 28.8kg/h

9. 某污水处理厂的罗茨风机是影响最大的噪声源，罗茨风机噪声源表达正确的是（　　）。

A. 距离罗茨风机 5m 处的 A 声级

B. 距离罗茨风机 5m 处的 A 声功率级

C. 中心频率为 0～20KHz 倍频带声压级

D. 中心频率为 0～20KHz 倍频带声功率级

10. 环境噪声评价量等效连续 A 声级是以（　　）的方法，用一单值表示某一时段内的噪声暴露水平。

A. 算术平均

B. 能量平均

C. 几何平均

D. 调和平均

11. 某除尘系统（一个含尘气体进口，一个净化气体出口和收集粉尘口），已知每小时进入除尘系统的烟气量 Q_0 为 12 000m^3，含尘浓度 C_0 为 2 200mg/m^3，每小时收下的粉尘量 G_0 为 22kg，若不考虑除尘系统漏气影响，净化后的废气含尘浓度为（　　）。

A. 36.67mg/m^3

B. 46.68mg/m^3

C. 366.67mg/m^3

D. 466.8mg/m^3

12. 潮汐河流中，最重要的质量输移是（　　），因此，可以用一维模型来描述质量的输移。

A. 水平输移　　B. 垂向输移

C. 横向输移　　D. 混合输移

13. 由达西定律可知，渗透系数在数值上等于水力坡度为（　　）时，水在介质中的渗流速度。

A. 0　　B. 0.5

C. 1　　D. 2

14. 某水域 5 次 COD_{Cr} 的监测浓度分别为：14.0mg/L、16.5mg/L、20.8mg/L、18.7mg/L、21.4mg/L，采用内梅罗法计算 COD_{Cr} 的监测统计代表值为（　　）。

A. 17.9mg/L

B. 18.3mg/L

C. 19.9mg/L

D. 20.4mg/L

15. 某厂燃煤锅炉烟气排放量为 $2\times10^4 m^3/h$，SO_2 浓度为 $800mg/m^3$，排放浓度符合国家规定的排放标准要求，假定锅炉全年运行 7 200h，该厂 SO_2 排放总量控制指标建议值可为（　　）。

A. 384kg/d

B. 18kg/h

C. 140.16t/a

D. 115.20t/a

16. 适用于河网地区一维水质模拟分析的水文水力学调查，至少包括（　　）等参量。

A. 流量、流速和水深

B. 流速、河宽和水深

C. 流量、流速和水位

D. 流速、底坡降和流量

17. 在植物样方调查时，首先要确定样方面积大小，对于森林而言，其样方面积不应小于（　　）。

A. $1m^2$　　B. $10m^2$

C. $100m^2$　　D. $200m^2$

18. 大气估算模型中，城市或农村选项需要考虑的下垫面特征半径范围是（　　）。

A. 2km

B. 3km

C. 4km

D. 5km

19. 物料衡算法中，当投入的物料在生产过程中发生化学反应时，总物料衡算公式表示为（　　）。

A. $Q+A=H+P+L$

B. $\Sigma G_{投入}=\Sigma G_{产品}+G_{流失}$

C. $AD=BD-(aD+bD+cD+dD)$

D. $\Sigma G_{排放}=\Sigma G_{投入}-\Sigma G_{回收}-\Sigma G_{处理}-\Sigma G_{转化}-\Sigma G_{产品}$

20. 非点源（面源）调查基本上采用（　　）的方法。

A. 实测　　B. 搜集资料

C. 引用历史数据　　D. 委托监测

21. 室内有两个噪声源，同时工作时总声压级为 75dB，当其中一个声源停止工作时，测得的声压级为70dB，则另一个声源的声压级是（　　）。

A. 72.23dB　　B. 73.35dB

C. 74.50dB　　D. 75.86dB

22. 有一列火车正在运行，该火车长为300m，距铁路中心线400m处测得的声压级为60dB，距铁路中心线800m处有一居民小区，则该小区的声压级是（　　）。

A. 53dB　　B. 54dB

C. 57dB　　D. 58dB

23. 某声源的衰减符合线声源衰减规律，在距离其25m处的声压级为80dB（A），在距离50m处的声压级为（　　）。

A. 70dB（A）　　B. 74dB（A）

C. 75dB（A）　　D. 77dB（A）

24. 声屏障对位于声影响区内的敏感建筑物有降噪作用，在高速公路侧20m处建有20层、高60m的楼房（路基高为2m），拟在路边设3m高直立式声屏障，该措施对8层以上住宅（　　）。

A. 有明显的降噪作用

B. 有负效应

C. 有一定的降噪作用

D. 无降噪作用

25. 下列不属于农业固体废物的是（　　）。

A. 农业生产废物

B. 畜禽饲养废物

C. 农副产品加工废物

D. 农民的生活垃圾

26. 某地大气环境监测 PM_{10} 的日平均浓度为 $0.45mg/m^3$，环境空气质量标准中 PM_{10} 二级标准日平均浓度为 $0.15mg/m^3$，则超标倍数为（　　）。

A. 1倍　　B. 2倍

C. 3倍　　D. 4倍

27. 某河流单位时间内通过的某一断面平均流量为2 000m^3，该河流断面以上区域面积为1 000km^2，则该河流断面的径流模数为（　　）。

A. 2 000L/（s·km^2）　　B. 0.002L/（s·km^2）

C. 2 000mm　　D. 0.002mm

28. 治理项目区土壤盐渍化的有效措施是（　　）。

A. 增加植被覆盖

B. 排水降低地下水水位

C. 防止水土流失

D. 减少地表水富营养化

29. 某工程项目工艺废水生产量2 000t/d，COD浓度为1 500mg/L；生活污水200t/d，

COD 250mg/L。两种废水均送污水处理场处理，污水处理场进水 COD 为（　　）。

A. 875mg/L

B. 1 363mg/L

C. 1 272mg/L

D. 1 386mg/L

30. 下列关于除磷的说法，错误的是（　　）。

A. 废水中磷一般具有正磷酸盐、偏磷酸盐和有机磷三种存在形式

B. 化学沉淀法通常是加入铝盐或铁盐及石灰

C. A/O 工艺过程、A/O 工艺过程、活性污泥生物-化学沉淀过程、序批式间歇反应器（SBR）等都可以用于除磷

D. 由于大部分磷都溶于污水中，传统的一、二级污水处理仅能去除少量的磷

31. 下列污水处理方法中，属于生物处理方法的是（　　）。

A. 曝气氧化塘

B. 加气气浮法

C. 活性炭吸附法

D. 反渗透膜分离法

32. 挥发性有机化合物的基本处理技术方法主要有两类，下列方法中，不属于回收类方法的是（　　）。

A. 吸附法

B. 膜分离法

C. 低温等离子体法

D. 冷凝法

33. 某有机废气吸附罐装有活性炭 2 000kg，其吸附容量为 0.1g/g 活性炭，吸附罐废气进口浓度为 400mg/m^3，出口浓度小于 50mg/m^3 的条件下，若处理废气量为 3 000m^3/h，则吸附罐吸附周期是（　　）。

A. 190.0h　　B. 166.7h

C. 190.5h　　D. 1333.3h

34. 某工程室外声源有引风机排气口，室内声源有球磨机、水泵，在未采取治理措施前，风机排气、球磨机、水泵在预测点的噪声贡献值分别为 60dB（A）、42dB（A）、42dB（A），要使预测点声级满足 55dB（A）标准要求，采取的噪声控制措施为（　　）。

A. 引风机排气口加消声器

B. 引风机加隔声罩

C. 球磨机加隔声罩

D. 水泵加隔声罩

35. 某污染物监测结果小于规定监测方法检出下限时，不参与（　　）。

A. 排放核算

B. 源强核算

C. 最大负荷核算

D. 总量核算

36. 采用两点法测定河流耗氧系数 K_1，河流流速为 0.2m/s，A 点 BOD_5 浓度为 4mg/L，下游 B 点 BOD_5 浓度为 3mg/L，两点相距 20km，则 K_1 为（　　）。

A. $0.15d^{-1}$

B. $0.25d^{-1}$

C. $0.18d^{-1}$

D. $0.28d^{-1}$

37. 改、扩建机场工程，现有二条跑道的机场，可布设（　　）个监测点。

A. 3～6　　B. 6～8

C. 9～14　　D. 12～18

38. 流域 3 个相邻城市向同一河流干流排放某种难降解污染物，干流功能区目标（类别及限制）分布如图所示：

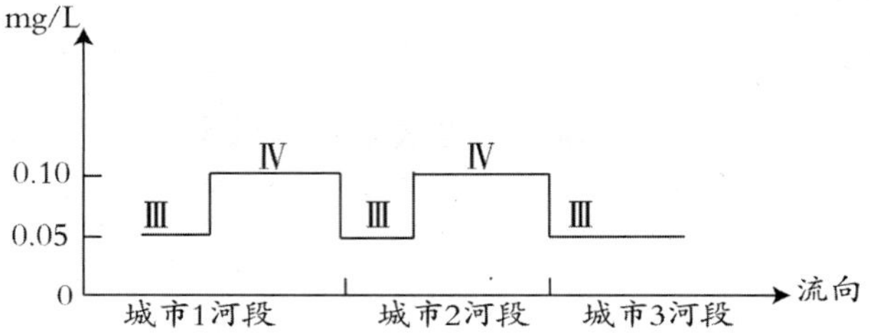

已知干流枯水设计流量为 $10m^3/s$，忽略悬沙吸附沉降作用，保证 3 个城市所有功能区达标的最大允许负荷（包括背景负荷）为（　　）。

A. 0.25g/s　　B. 0.50g/s

C. 0.75g/s　　D. 1.00g/s

39. 某装置的烟气原始含尘浓度 20 000mg/m^3，经两级除尘器除尘，效率分别为 98%和 90%，除尘后的烟气含尘浓度为（　　）。

A. $20mg/m^3$　　B. $30mg/m^3$

C. $40mg/m^3$　　D. $50mg/m^3$

40. 建设项目竣工环境保护验收时，废气无组织排放，一氧化碳的监控点设在单位周界外（　　）范围内浓度最高点。

A. 5m　　B. 10m

C. 15m　　D. 20m

二、不定项选择题（共 40 题，每题 2 分。每题的备选项中，至少有 1 个符合题意。多选、错选、少选均不得分）

41. 生态影响型项目工程分析时，下列（　　）应纳入分析中。

A. 公用工程　　B. 环保工程

C. 储运工程　　D. 辅助工程

42. 根据环境噪声户外声衰减的特点，为避免产生新的环境噪声污染，在各种防治对策中，优先考虑的是（　　）。

A. 降低声源的辐射声级

B. 传播途径中采取降噪措施

C. 合理的规划和布局

D. 明确噪声控制距离

43. 某高速公路经过居民住宅区，为降低高速公路交通噪声对住宅区的影响，可采用的有效防范措施有（　　）。

A. 路段设置禁鸣笛标志

B. 设置反光材料

C. 路侧设置隔声屏障

D. 铺设低噪声路面

44. 某造纸项目位于工业园区，应用估算模型时所需输入的基本参数有（　　）。

A. 污染源参数

B. 区域湿度条件

C. 最高环境温度

D. 周边村庄人口数

45. 大气污染源调查法一般包括（　　）。

A. 遥感法

B. 物料衡算法

C. 现场实测法

D. 经验系数估算法

46. 黑色冶炼、有色金属矿山及冶炼的特征污染物有（　　）。

A. pH、BOD、COD

B. 氟化物、氰化物、硫化物

C. 砷、铅

D. 磷、氨氮

47. 进行生态影响评价应充分重视（　　）。

A. 直接影响

B. 间接影响

C. 潜在影响

D. 区域性影响

48. 采用数值法对地下水承压含水层预测，需要输入的参数有（　　）。

A. 渗透系数

B. 水动力弥散系数

C. 给水度

D. 弥散度

49. 制定生态影响型项目运营期生态跟踪监测方案时，以（　　）作为监测对象。

A. 植被

B. 国家重点保护物种

C. 地区特有物种

D. 对环境变化敏感的物种

50. 下列选项中，（　　）是从声源上降低环境噪声。

A. 设计制造低噪声设备

B. 合理安排建筑物平面布局

C. 改进生产工艺和加工操作

D. 合理安排建筑物功能

51. 下列关于声环境现状评价的方法，说法正确的有（　　）。

A. 声环境现状评价主要是声环境质量现状评价

B. 声环境现状评价方法对照相关标准评价达标或超标情况并分析其原因

C. 评价结果应当用表格和图示来表达清楚

D. 公路、铁路项目需要绘制现状等声级图

52. 大气环境影响预测时，如预测计算点距离源中心≤1 000m，采用直角坐标网格布点法，下列（　　）网格间距布置是合理的。

A. 50m　　B. 60m

C. 100m　　D. 120m

53. 下列关于景观阈值的说法，正确的有（　　）。

A. 通常灌丛的景观阈值高于草本

B. 景观阈值与植被密切相关

C. 生态系统破碎化程度高的，景观阈值高

D. 一般孤立景观阈值低，坡度大和高差大的景观阈值较低

54. 建设项目的水生生态调查内容包括（　　）。

A. 水质、水温调查

B. 水生维管束植物调查

C. 浮游动物调查

D. 鱼类资源调查

55. 在植物样方调查时，必须调查的指标有（　　）。

A. 经济价值　　B. 生物量

C. 覆盖度　　D. 密度

56. 灌溉入渗补给量计算方法包括（　　）。

A. 田间灌溉试验法

B. 田块的水量均衡法

C. 断面流量差法

D. 渗流断面法

57. 环境噪声现状评价中使用的评价量有（　　）。

A. A 声级

B. 等效连续 A 声级

C. 昼夜等效声级

D. 环境噪声级

58. 环境敏感区包括（　　）。

A. 水源保护区

B. 红树林

C. 天然湿地

D. 基本农田

59. 防止污染物进入地下水含水层的主要措施有（　　）。

A. 防止土壤污染

B. 工矿企业的合理布局

C. 严禁用渗井排放污水

D. 合理选择废物堆放场所

60. 下列关于生态现状调查方法的说法，正确的有（　　）。

A. 专家和公众咨询应与资料收集和现场勘查同步开展

B. 遥感调查过程中必须辅助必要的现场勘查工作

C. 当建设项目可能产生潜在的或长期累积效应时，可考虑选用遥感调查法

D. 生态监测法应根据监测因子的生态学特点和干扰活动的特点确定监测位置和频次，有代表性地布点

61. 下列属于计算大气环境防护距离需要输入参数的有（　　）。

A. 污染物排放速率

B. 小时评价标准

C. 近 5 年所在地的平均风速

D. 面源有效高度

62. 包气带防污染性能与（　　）有关。

A. 包气带的地质条件

B. 包气带的水文地质条件

C. 污染物特性

D. 包气带与承压水的关系

63. 某建设项目采用 ADMS 模型进一步预测环境空气质量影响，逐时地面气象数据的要素至少包括（　　）。

A. 干球温度

B. 风速

C. 风向

D. 总云量

64. 生态影响预测评价方法中，类比法的应用包括（　　）。

A. 进行生态环境影响的定性分析与评价

B. 进行生态系统的功能评价

C. 进行生态影响识别和评价因子筛选

D. 预测生态问题的发生与发展趋势及危害

65. 下列有关河口的说法，正确的有（　　）。

A. 低浓度河流水从底部楔入河口，与海水混合

B. 河口楔由底层的入流与表面的出流构成垂向环流来维持

C. 河口是指入海河流受到潮汐作用的一段河段，又称感潮河段

D. 河口楔溯江而上入侵河口段的深度主要由径流大小决定，径流小入侵就浅，径流大入侵就深

66. 下列大气污染源中，属于体源的有（　　）。

A. 焦炉炉体　　B. 集气筒

C. 屋顶天窗　　D. 烟囱

67. 固体废物按其来源可分为（　　）。

A. 城市固体废物

B. 工业固体废物

C. 农业固体废物

D. 危险废物

68. 为控制燃煤锅炉 SO_2 的排放，可采用的脱硫措施有（　　）。

A. 过滤法

B. 石灰石-石膏法

C. 炉内喷钙法

D. 熔融盐吸收法

69. 下列有关环境的各种价值，属于环境的间接使用价值的有（　　）。

A. 旅游价值

B. 防风固沙

C. 涵养水源

D. 平衡碳氧

70. 在使用示踪试验测定法确定混合系数时，所采用的示踪剂应满足的条件有（　　）。

A. 使用量少

B. 具有在水体中不沉降、不降解、不产生化学反应的特性

C. 测定简单准确

D. 经济、无害

71. 选择除尘器时应考虑（　　）。

A. 粉尘的物理、化学性质

B. 粉尘浓度

C. 除尘效率

D. 粉尘回收利用价值

72. 下列关于运行中的垃圾填埋场对环境的主要影响，说法正确的有（　　）。

A. 流经填埋场区的地表径流可能受到污染

B. 填埋场滋生的昆虫、啮齿动物以及在填埋场的鸟类和其他动物可能传播疾病

C. 填埋场工人生活噪声对公众产生一定的影响

D. 填埋作业及垃圾堆体可能造成滑坡、崩塌、泥石流等地质环境影响

73. 下列废水处理方法中，属于化学方法的有（　　）。

A. 隔油、过滤

B. 气浮、吸附

C. 中和、沉淀

D. 微电解、焚烧

74. 某铁路建设项目生态影响评价时采用了现状调查评价方法，下列评价方法中适用的有（　　）。

A. 景观生态学法

B. 图形叠置法

C. 系统分析法

D. 列表清单法

75. 按我国有关固体废物分类，（　　）属于危险废物。

A. 含氧化铜、氧化亚铜废催化剂

B. 焦炭渣

C. 废离子交换树脂（净水装置用）

D. 含氧化亚铁渣

76. 费用效益分析的步骤包括（　　）。

A. 量化环境影响

B. 编制用于费用效益分析的现金流量表

C. 计算项目的可行性

D. 评估环境影响的货币化价值

77. 河流水质采样断面的布设位置位于（　　）。

A. 调查范围两端、调查范围内重点保护水域及重点保护对象附近的水域

B. 水文特征突然变化处、水质急剧变化处

C. 重点水工构筑物附近、水文站附近

D. 建设项目拟建排污口上游 1km 处

78. 水污染源调查中，属于点源排放的有（　　）。

A. 农田退水

B. 农村生活污水

C. 大型造纸厂排放污水

D. 城市污水处理厂排水

79. 对于Ⅱ类建设项目，地下水保护与环境水文地质问题减缓措施有（　　）。

A. 均衡开采

B. 动态监控

C. 源头控制

D. 提出应对预案

80. 对于山林、草原、农地等进行非点源调查时，应调查（　　）。

A. 化肥流失率

B. 农药施用量

C. 生物多样性

D. 化肥施用量

押题模拟试卷（六）

一、单项选择题（共40题，每题1分。每题的备选项中，只有1个最符合题意）

1. 物料衡算法能进行工程分析的原理是依据（　　）。

A. 自然要素循环定律

B. 市场经济规律

C. 质量守恒定律

D. 能量守恒定律

2. 自然环境调查时，当地形地貌与建设项目密切相关时，除应比较详细地叙述地形地貌全部或部分内容外，还应附建设项目周围地区的（　　）。

A. 区位图

B. 地理位置图

C. 土地利用现状图

D. 地形图

3. 通常，用来反映岩土透水性能的指标是（　　）。

A. 渗流速度

B. 渗透系数

C. 有效孔隙度

D. 水力梯度

4. 下列不属于环境影响评价应遵循的基本技术原则的是（　　）。

A. 符合国家资源综合利用的政策

B. 符合当地的政策和环境条件

C. 符合国家土地利用的政策

D. 与拟议规划或拟建项目的特点相结合

5. 某个植被样方调查面积为10m，调查结果如下表。样方中物种乙的密度、相对密度分别为（　　）。

物种	个数	覆盖面积（m^2）
甲	2	2
乙	2	3
丙	1	1

A. 0.2个/m^2，40%

B. 0.2个/m^2，50%

C. 0.3个/m^2，40%

D. 0.3个/m^2，50%

6. 关于景观遥感分类，下列说法错误的是（　　）。

A. 常见的数据预处理方法：大气校正、几何纠正、光谱比值、主成分、植被成分、帽状转换、条纹消除和质地分析等

B. 遥感影像分类包括：非监督分类、监督分类和特殊分类

C. 分类结果的后处理包括：光滑或过滤、几何校正、矢量化及人机交互解译

D. 分类精度评价，通常采用选取有代表性的检验区的方法，检验区的类型包括：监督分类的训练区、指定的同质检验区和随机选取检验区

7. 某废旧轮胎综合利用项目发生事故时，该项目危险物质可能泄漏到厂址西南侧1 900m处的一地表水体（水域环境功能为Ⅱ类），该泄漏排放点下游（顺水流向）3km 处有一重要水生生物的自然产卵场。该项目环境风险评价地表水环境敏感程度分级判定为（　　）。

A. E1 环境高度敏感区

B. E2 环境中度敏感区

C. E3 环境低度敏感区

D. 无法判定

8. 下列不属于总图布置方案分析内容的是（　　）。

A. 分析与处理工艺有关技术经济参数的合理性

B. 根据气象、水文等自然条件分析工厂与车间布置的合理性

C. 分析环境敏感点（保护目标）处置措施的可行性

D. 分析厂区与周围的保护目标之间所定防护距离的安全性

9. 水采浮游动物调查分三个级别，是（　　）。

A. 20～200μm、200～500μm、大于 500μm

B. 20～100μm、100～500μm、大于 500μm

C. 20～50μm、50～500μm、大于 500μm

D. 20～50μm、50～200μm、大于 200μm

10. 某监测点总监测数据为 60 个，其中超标监测数据 20 个，不符合监测技术规范要求的监测数据 10 个，未检出的点位数为 10 个，则超标率是（　　）。

A. 40.0%　　B. 66.7%

C. 33.3%　　D. 50.0%

11. 某废水处理站采用二级处理工艺，进水量为10 000m^3/d，COD 质量浓度为1 500mg/L；一级 COD 去除率为 80%，二级 COD 去除率为 70%。则该处理站外排 COD 是（　　）。

A. 1.80t/d　　B. 3.75t/d

C. 0.45t/d　　D. 0.90t/d

12. 某建设项目有如下废气污染物，其中（　　）为恶臭物质。

A. CO　　B. HF

C. H_2S　　D. SO_2

13. 大气中 SO_2 的浓度为 5ppm，以 mg/m^3 表示的浓度是（　　）。

A. 14.3 mg/m^3

B. 10.0 mg/m^3

C. 5.0 mg/m^3

D. 28.6 mg/m^3

14. 等标排放量 P_i 的计算公式为 $P_i = Q_i / c_{0i} \times 10^9$，对于只规定日平均容许浓度限值的一般大气污染物，其中 c_{0i} 的取值，可取（　　）作为标准限值。

A. 1h 平均值

B. 日平均值

C. 日平均值的 3 倍

D. 年平均值

15. 某企业年排废水 500 万 m^3，废水的氨氮浓度为 30mg/L，排入Ⅲ类水体，采用废水处理方法氨氮的去除率为 60%，Ⅲ类水体氨氮的排放标准为 15mg/L，则该企业废水处理后氨氮的年排放量为（　　）。

A. 50t　　B. 60t

C. 70t　　D. 90t

16. 对河流环境调查时期的要求，一般情况下，评价等级为二级时，可在（　　）调查。

A. 枯水期

B. 枯水期和平水期

C. 平水期和丰水期

D. 三个时期都需调查

17. 已知距某点声源 10m 处测得噪声值为 85dB，则距噪声源 50m 处的噪声值为（　　）。

A. 80dB　　B. 77dB

C. 75dB　　D. 71dB

18. 某药厂厂房五台机器，声压级分别为 80dB、84dB、85dB、87dB、89dB，则这五台机器同时运行时的声压级是（　　）。

A. 88dB

B. 92.93dB

C. 90.12dB

D. 93dB

19. 有一列动车长为 500m，距铁路中心线 200m 处测得的声压级为 80dB，有一老人院距铁路中心线 400m 远，则该老人院的声压级为（　　）。

A. 73.4dB

B. 75.5dB

C. 76.5dB

D. 78.2dB

20. 下列选项按反应器类型划分，其中不属于活性污泥处理工艺的是（　　）。

A. 阶段曝气法

B. 接触氧化法

C. 完全混合法

D. 吸附再生法

21. 某钢铁联合企业位于海边，其大气环境影响预测模型应选择（　　）。

A. ADMS

B. AERMOD

C. CALPUFF

D. EDMS/AEDT

22. 某可降解物质，在一个河流排污口下游 15km 处预测浓度比排污口浓度降低了 50%，则下游 30km 处浓度比排污口浓度降低（　　）。

A. 60%　　　　B. 65%

C. 70%　　　　D. 75%

23. 在建设项目竣工环保验收监测中，计算昼夜等效声级时，需要先将夜间实测等效声级值加上（　　）。

A. 5dB　　　　B. 7dB

C. 10dB　　　　D. 12dB

24. 关于地下水含水层中地下水渗流速度 v 与实际流速 u 之间关系的说法，正确的是（　　）。

A. $v=u$　　　　B. $v>u$

C. $v<u$　　　　D. 不能确定

25. 关于五级划分环境影响程度的指标，下列表述正确的是（　　）。

A. 极端不利：外界压力引起某个环境因子严重而长期的损害或损失，其代替、恢复和重建非常困难和昂贵，并需很长的时间

B. 非常不利：外界压力引起某个环境因子无法替代、恢复和重建的损失，这种损失是永久的、不可逆的

C. 中度不利：外界压力引起某个环境因子的损害和破坏，其替代或恢复是可能的，但相当困难且可能要较高的代价，并需比较长的时间

D. 轻度不利：外界压力引起某个环境因子的暂时性破坏或受干扰，环境的破坏或干扰能较快地自动恢复或再生，或者其替代与重建比较容易实现

26. 一定地段面积内某个时期生存着的活有机体的重量是指（　　）。

A. 物种量

B. 生长量

C. 生物生产力

D. 生物量

27. 某新建企业排污口位于 C 点，干、支流及排放点关系见下图，该项目的水环境评价

调查范围应在（　　）。

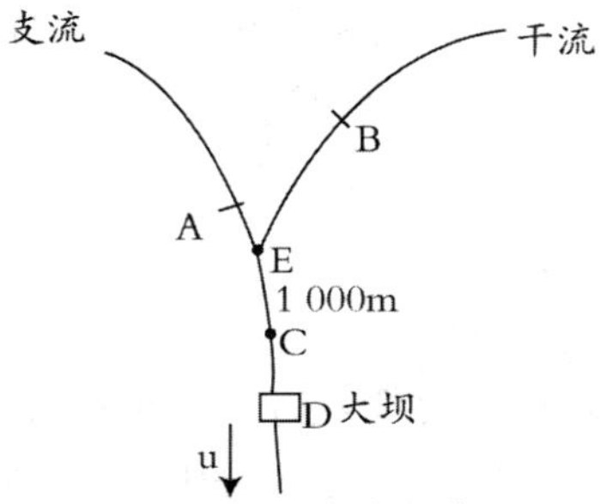

注：A、B点为水库设计水位淹没线

A. CD 段

B. DE 段

C. AE 段和 BD 段

D. AE 段和 ED 段

28. 下列废水中，适用于厌氧生物处理的是（　　）。

A. COD 浓度约 7 000mg/L 的有机酸生产废水

B. COD 浓度约 3 000mg/L 的生产废水

C. 炼油企业含油废水

D. 钢铁企业污染雨水

29. 不同测点监测的某Ⅳ类水体 pH 分别为 7.45 和 6.85，pH 单项水质标准指数分别是（　　）。

A. 1.06 和 0.98　　B. 0.23 和 0.15

C. 0.83 和 1.14　　D. 0.83 和 0.76

30. 河流稀释混合模式中点源稀释混合模式是（　　）。

A. $c=\dfrac{c_pQ_p+c_hQ_h}{Q_p+Q_h}$

B. $c=\dfrac{c_pQ_p+c_hQ_h}{Q}+\dfrac{W_s}{86.4Q}$

C. $c=\dfrac{c_T}{1+K_p\cdot S\times10^{-6}}$

D. $c=c_0\cdot\exp\dfrac{-Kx}{86\ 400u}$

31. 建设项目竣工环境保护验收时，对非稳定废水连续排放源，采用等时采样方法测试时，每个周期依据实际排放情况，按每（　　）采样和测试一次。

A. 1～2h　　B. 1～3h

C. 2～4h　　D. 3～4h

32. 噪声在传播过程中产生的几何发散衰减与声波的（　　）有关。

A. 周期　　B. 频率

C. 传播距离　　　　　　　　　　D. 波长

33. 一般废水处理过程中，脱氮除磷主要在（　　）中完成。

A. 一级处理

B. 二级处理

C. 三级处理

D. 四级处理

34. 某种易溶性化学物质因偶尔事故排入河道，在排入点下游 15km 处有一城市供水厂取水口，已知河流平均流速为 3km/h。预计（　　）。

A. 不须经过 5h 就已经对城市供水厂取水口产生影响

B. 至少 5h 才会对城市供水厂取水口产生影响

C. 经过 5h 后将会消除对城市供水厂取水口产生的影响

D. 发生影响最为显著的时段，只能采用水质数学模型来确定

35. 对某顺直、均匀河流的二维稳态水质模型进行验证，水质计算值与监测值见下表：

距左岸距离（m）	0	20	50	100	200
BOD 计算值（mg/L）	18.5	17.0	15.5	14.0	10.0
BOD 监测值（mg/L）	20	19	18	14	7

由表可知，模拟计算采用的（　　）。

A. 横向混合系数偏大

B. 横向混合系数偏小

C. 耗氧系数偏大

D. 耗氧系数偏小

36. 假如一片森林的涵养水源量是 100 万 m^3，而在当地建设一座有效库容为 100 万 m^3 的水库所需费用是 400 万元，则可以此费用表示该森林的涵养水源功能价值，此法称为（　　）。

A. 防护费用法　　　　　　　　B. 恢复费用法

C. 影子工程法　　　　　　　　D. 机会成本法

37. 废水处理技术按作用原理可分为物理法、化学法、物理化学法和生物法四大方法。下列属于物理法的是（　　）。

A. 隔油　　　　　　　　　　B. 吸附

C. 沉淀　　　　　　　　　　D. 气浮

38. 下列关于费用效益分析的相关表述，错误的是（　　）。

A. 费用效益分析又称国民经济分析、经济分析，是环境影响的经济评价中使用的一个重要的经济评价方法

B. 费用效益分析是从环保的角度，评价项目、规划或政策对整个社会的净贡献

C. 费用效益分析是对可研报告中的项目财务分析的扩展和补充

D. 费用效益分析是在财务分析的基础上评价项目、规划、政策的可行性

39. 根据《环境影响评价技术导则　生态影响》，公式 $H=-\sum_{i=1}^{s}p_i\ln(p_i)$ 用以表达（　　）。

A. 丰富度指数

B. 辛普森多样性指数

C. 优势度指数

D. 香农-威纳指数

40. 计权等效连续感觉噪声级 WECPNL 计算公式中，昼间（7：00－19：00）、晚上（19：00－22：00）和夜间（22：00－7：00）飞行架次的权重取值分别是（　　）。

A. 1、3 和 10　　B. 10、3 和 1

C. 2、3 和 10　　D. 3、1 和 10

二、不定项选择题（共 40 题，每题 2 分。每题的备选项中，至少有 1 个符合题意。多选、错选、少选均不得分）

41. 关于径流深度 Y 的定义，说法正确的有（　　）。

A. 指流域出口断面流量与流域面积的比值

B. 指将计算时段内的径流总量平铺在全流域面积上的水层厚度

C. $Y=Qt/1\ 000F$

D. $Y=1\ 000Q/F$

42. 河口的基本水文特征有（　　）。

A. 河口又称为感潮河段，是指入海河流受到潮汐作用的一段河段

B. 河口与一般河流的主要区别是流量大、流速较慢

C. 河口区是海水和河流淡水相互汇合和混合之处，江河段的水结构只有盐水楔形式

D. 河口和海湾、陆架浅海水域位于陆地和大洋之间，具有最剧烈的时间空间变化，由于其容量小、水浅，容易受到外部的影响

43. 下列关于初级生产量的测定方法的说法，正确的有（　　）。

A. 根据溶氧的昼夜变化可分析水体群落的代谢情况

B. 水中溶解氧量随温度而变化，因此必须对实际观察的昼夜氧曲线进行校正

C. 放射性标记物测定法是将放射性 ^{14}C 以 $^{14}CO_2$ 的形式，放入含有自然水体浮游植物样瓶

D. 叶绿素测定法是通过薄膜将自然水进行过滤，然后用丙酮提取，将丙酮提出物在分光光度计中测量光吸收，再计算

44. 声环境质量现状评价的主要内容有（　　）。

A. 对照相应的标准，评价达标或超标情况

B. 分析超标原因

C. 分析地形、地貌和建筑物分布情况

D. 评价受噪声影响的人口分布情况

45. 技改扩建项目污染物源强在统计污染物排放量时，应算清新老污染源“三本账”，具

体包括（　　）。

A. 技改扩建项目污染物排放量

B. 技改扩建前污染物削减量

C. 技改扩建前污染物排放量

D. 技改扩建完成后污染物排放量

46. 工业固体废物包括（　　）。

A. 矿业固体废物

B. 冶金工业固体废物

C. 能源工业固体废物

D. 城建渣土

47. 声环境影响预测中，与声波频率有关的户外声传播衰减方式有（　　）。

A. 几何发散衰减

B. 空气吸收衰减

C. 声屏障衰减

D. 绿化林带衰减

48. 植被中物种的重要值取决于物种的（　　）。

A. 相对密度

B. 相对优势度

C. 相对覆盖度

D. 相对频度

49. 下列统计量中，可作为大气环境基本污染物年评价指标的有（　　）。

A. SO_2年平均浓度

B. CO 年平均浓度

C. $SO_2$24 小时平均浓度第 95 百分位数

D. CO24 小时平均浓度第 95 百分位数

50. 生态影响的补偿形式包括（　　）。

A. 就地补偿

B. 物质补偿

C. 异地补偿

D. 精神补偿

51. 河流水质模型的选择必须考虑的主要技术问题有（　　）。

A. 水质模型的空间维数、时间尺度

B. 污染负荷、源和汇

C. 模拟预测的河段范围的确定

D. 稀释和沉淀

52. 生态影响预测评价方法中，指数法的应用包括（　　）。

A. 生态因子单因子质量评价

B. 生态系统功能评价

C. 生态多因子综合质量评价

D. 生态影响的定性分析与评价

53. 下列关于运行中的垃圾填埋场对环境的主要影响的说法，正确的有（　　）。

A. 流经填埋场的地表径流可能受到污染

B. 填埋场工人的生活噪声对公众产生一定的影响

C. 填埋场垃圾中的塑料袋、纸张以及尘土等在未来得及覆土压实的情况下可能飘出场外，造成环境污染和景观破坏

D. 填埋场作业及垃圾堆体可能造成滑坡、泥石流、崩塌等地质环境影响

54. 生活垃圾填埋场管理机构和地方环境保护行政主管部门均应对封场后的生活垃圾填埋场的污染物浓度进行测定，每年测定一次的指标有（　　）。

A. 化学需氧量、生化需氧量　　B. 粪大肠菌群数

C. 总氮、氨氮　　D. 悬浮物

55. 某企业设备振动影响实验室天平仪器，下列措施可以有效缓解影响的有（　　）。

A. 设备底座减振　　B. 实验室地面减振

C. 实验室墙体吸声　　D. 实验室外墙减振

56. 对于新增污染源正常排放，常规预测内容包括（　　）。

A. 小时浓度　　B. 日平均浓度

C. 季均浓度　　D. 年均浓度

57. 陆生植物调查中，适用于全查法的情形有（　　）。

A. 物种稀少

B. 物种分布范围相对分散

C. 分布面积小

D. 种群数量相对较少

58. 进行建设项目环境保护验收时，验收重点有（　　）。

A. 核查建设项目的人员配置情况

B. 核查验收工况、监测（调查）结果、环境管理

C. 风险事故环境保护应急措施检查

D. 现场验收检查及验收结论

59. 废水的三级处理中，用于去除 SS 的化学絮凝剂有（　　）。

A. 铝化合物　　B. 氢氧化钠

C. 聚合物　　D. 碳酸钠

60. 可用于区域陆生植被调查的方法有（　　）。

A. 资料收集　　B. 样方调查

C. 遥感方法　　D. 专家咨询

61. 大气环境影响预测中需要的地面气象资料有（　　）。

A. 气温　　B. 风速

C. 风向　　D. 低云量

62. 废水的三级处理过程一般主要去除（　　）。

A. 悬浮物

B. 氮

C. 磷

D. 呈分层或乳化状态的油类物质

63. 以苯乙烯、丙烯腈、丁二烯为主要原料生产树脂产品的建设项目，其地表水预测评价因子中应包含（　　）。

A. 苯乙烯

B. 溶解氧

C. 氨氮

D. 总氮

64. 筛选预测水质因子的依据有（　　）。

A. 工程分析

B. 环境现状

C. 评价等级

D. 当地的环保要求

65. *ISE* 值（　　），说明拟建项目排污对该项水质因子的污染影响越大。

A. 为 1　　B. 为负值

C. 越大　　D. 越小

66. 关于生态现状调查方法，下列说法正确的有（　　）。

A. 使用资料收集法时，应保证资料的现时性，引用资料必须建立在现场校验的基础上

B. 专家和公众咨询可以与资料收集和现场勘查不同步开展

C. 对于生态系统生产力的调查，必要时需现场采样、实验室测定

D. 遥感调查过程中没有必要辅助现场勘查工作

67. 蓄热燃烧系统所必需的主要技术性能指标有（　　）。

A. 反应温度　　B. 停留时间

C. 燃烧热效率　　D. 湍流混合度

68. 环境保护验收监测时，下列污染物中应在车间污水处理设施排放口监测的有（　　）。

A. 总铜　　B. 总铬

C. 总铅　　D. 总锌

69. 下列环境价值评估方法中，（　　）具有完善的理论基础，是对环境价值的正确量度。

A. 隐含价格法　　B. 人力资本法

C. 机会成本法　　　　D. 调查评价法

70. 建设项目环境影响评价中，无组织排放源强估算方法有（　　）。

A. 物料衡算法　　　　B. 反推法

C. 类比法　　　　D. 排放标准限值估算法

71. 地下水污染物的防治措施有（　　）。

A. 地下水分层开采

B. 划定饮用水地下水源保护区

C. 工程防渗措施

D. 合理规划布局

72. 公路、铁路噪声环境影响评价内容需包括（　　）。

A. 对各种噪声防治措施进行经济技术论证

B. 分析受影响人口的分布情况

C. 明确合理的噪声控制距离

D. 评价工程选线和建设方案布局的合理性

73. 下列废气治理措施中，适用于治理二氧化硫的有（　　）。

A. SCR 法

B. 海水法

C. 烟气循环流化床法

D. 石灰石/石灰—石膏法

74. 生态影响预测应包括（　　）方面的分析。

A. 生态影响因素　　　　B. 生态影响受体

C. 生态影响效应　　　　D. 生态防护措施

75. 对于一个选址符合环保要求的拟建垃圾填埋场，控制和预防地下水污染的措施包括（　　）。

A. 防渗工程

B. 渗滤液疏导、处理工程

C. 雨水截流工程

D. 渗滤液系统监测系统

76. 环境影响识别的主要方法有（　　）。

A. 矩阵法　　　　B. 保证率法

C. 叠图法　　　　D. 清单法

77. 以下应列为生态敏感保护目标的有（　　）。

A. 水田　　　　B. 桉树林

C. 竹林　　　　D. 稀树灌木林

78. 水库渔业资源调查时，水的理化性质调查选做内容包括（　　）。

A. 可溶性磷酸盐　　　　B. 重碳酸盐

C. 碳酸盐　　　　D. 硫酸盐

79. 建设项目环境保护措施的经济论证内容包括（　　）。

A. 环保措施的投资费用

B. 环保措施的运行费用

C. 环保措施的处理效率

D. 环保措施的环境经济效益

80. 某建设项目 SO_2、NO_x、VOCs 的排放量分别为 240t/a、320t/a、1 700t/a，该项目进行大气环境影响评价，二次污染物评价因子为（　　）。

A. SO_2

B. NO_x

C. O_3

D. $PM_{2.5}$

全国环境影响评价工程师
职业资格考试

环境影响评价技术方法

参考答案及解析

押题模拟答案分册

押题模拟试卷（一）~（六）

押题模拟试卷（一）

一、单项选择题

1. C 【解析】A、B、D三项都属于工程概况内容分析范围，而C项为污染源源强分析与核算的内容。

2. A 【解析】根据已知条件，该项目废水处理场外排COD量=进水量×进水COD浓度×（1−COD总去除率）×（1−废水回用率）=15 000×10^3×1 000×（1−92%）×（1−50%）×10^{-9}=0.6（t/d）。

3. D 【解析】根据《环境空气质量标准》，SO_2的日平均浓度限值为0.15mg/m^3，超标倍数=(0.30−0.15)/0.15=1。

4. B 【解析】项目生产工艺过程中HCl使用量100kg/h，2%进入废气，且废气处理设施HCl的去除率为99%，则废气中HCl的排放速率=100×2%×（1−99%）=0.02（kg/h）。

5. A 【解析】表征岩石透水性的定量指标是渗透系数。水力传导系数即渗透系数，在各向同性介质中，表示流体通过孔隙骨架的难易程度；在各向异性介质中，渗透系数以张量形式表示。渗透系数越大，岩石透水性越强。

6. A 【解析】湖、库水量和总容积随时间而变化，以年水量变化频率为10%时代表多水年，50%时代表中水年，75%～95%时代表少水年。

7. B 【解析】该工程水重复利用率=$\frac{\text{重复利用水量}}{\text{重复利用水量}+\text{取用新水量}}$=24 600/（24 600+1 600+130+270）×100%≈92.5%。

8. C 【解析】任何水体pH值的限值都是6～9。当pH_j>7.0时，$S_{pH,j}$=(12.0−7.0)/(9.0−7.0)=2.5。

9. B 【解析】90%保证率的枯水流量表明剩下的10%枯水流量没有保证，即20年最枯月平均流量有2年（7m^3/s、8m^3/s）在其外，则90%保证率的枯水流量为9m^3/s。

10. A 【解析】水质预测因子$ISE=\frac{c_{pi}Q_{pi}}{(c_{si}-c_{hi})Q_{hi}}$，式中：$c_{pi}$为水污染物$i$的排放浓度，mg/L；$Q_{pi}$为含水污染物$i$的废水排放量，$m^3$/s；$c_{si}$为水污染物$i$的地表水水质标准，mg/L；$c_{hi}$为评价河段水污染物$i$的浓度，mg/L；$Q_{hi}$为评价河段的流量，$m^3$/s。14 400$m^3$/h=4 m^3/s。将题中数据代入上式，ISE=(35×4) / [（20−15）×40] =0.7。

11. A 【解析】山前冲洪积扇地区一般含水层埋藏浅、厚度大、水量丰富、水质好，易于开发利用，是工农业供水的重点地区。应重点研究山前冲洪积扇、河谷阶地、山前冰水台地、坡积洪积扇、掩埋冲洪积扇等的结构及其水文地质条件。

12. D 【解析】反推法是指通过对同类工厂，正常生产时无组织监控点进行现场监测，利用面源扩散模式反推，以此确定工厂无组织排放量。

13. B 【解析】根据河流稀释混合模式 $c=\frac{c_pQ_p+c_hQ_h}{Q_p+Q_h}$（式中：$c$ 为完全混合的水质浓度，mg/L；Q_p为污水排放量，m^3/s；c_p为污染物排放浓度，mg/L；Q_h为上游来水流量，m^3/s；c_h为上游来水污染物浓度，mg/L），将题中数据代入上式，则起始断面的 COD_{Cr}浓度＝（14.5×8.7＋58×1.0）÷（8.7＋1.0）≈19.0（mg/L）。

14. C 【解析】不符合监测技术规范要求的监测数据不计入总监测数据个数，未检出点位数计入总监测数据个数中。则 NO_2全年超标率＝30÷（200－5）×100%≈15.4%。

15. A 【解析】氨氮年排放量＝6 000 000×20×10^3×10^{-9}×（1－60%）＝120×（1－0.6）＝48（t）。

16. A 【解析】B 项为热量蒸发速度计算公式；C 项为液体泄漏速度计算公式；D 项为两相流泄漏速度计算公式。

17. B 【解析】对于新建的城市生活垃圾填埋场，为确定渗滤液中污染物通过填埋场底部垂直向下迁移到达含水层的时间，需要确定渗滤液在底部衬层和其下部各土层中的实际渗流速度。

18. D 【解析】废水进入河流水体后，在垂向方向上一般都能很快地混合，但需要经过很长一段纵向距离才能达到横向完全混合。

19. C 【解析】生产力损失法用于评估环境污染和生态破坏造成的工农业等生产力的损失。

20. D 【解析】大气环境三级评价项目的现状监测布点原则是在评价区内按极坐标布点法布点。

21. A 【解析】已知某噪声声压的情况下，声压级的计算公式为：$L_P=20\lg\frac{p}{p_0}$（dB）（空气中的参考声压 p_0规定为 2×10^{-5}Pa），将题中数据代入该式，则吊扇单独工作时的声压级 $L_1=20\lg$［0.002÷（2×10^{-5}）］＝40（dB）。电冰箱声压级 L_2＝45dB，则两者同时工作的声压级 $L_{合}=10\lg(10^{\frac{40}{10}}+10^{\frac{45}{10}})=10\lg(10^4+10^{4.5})\approx46$（dB）。

22. C 【解析】由于 $r/l<1/10$，因此可视为无限长声源，则 30m 处的声压级＝85－10lg（30/15）＝82（dB）。

23. A 【解析】当建设项目污水排放量＜50 000m^3/d 时，小型湖泊一级评价每 0.5～1.5km^2布设一个取样位置，二、三级评价每 1.0～2.0km^2布设一个取样位置。

24. C 【解析】湖、库水混合的方式分为紊动混合与对流混合。紊动混合主要是由风力和水力坡度作用产生的；对流混合主要是由湖、库水密度差异所引起的。

25. A 【解析】B 项属于线源；C 项属于面源；D 项属于体源。

26. A 【解析】为了能用仪器直接测量出人的主观响度感觉，研究人员为测量噪声的仪器（声级计）设计了一种特殊的滤波器，叫 A 计权网格。通过 A 计权网格测得的噪声值更接近人的听觉，这个测得的声压级称为 A 计权声级，简称 A 声级。

27. A 【解析】根据河流排污混合过程段的长度公式 $L=\dfrac{(0.4B-0.6a)Bu}{(0.058H+0.0065B)\sqrt{ghi}}$（式中 L 为混合过程段长度，m；B 为河流宽度，m；a 为排放口距岸边的距离，m；u 为河流断面平均流速，m/s；h 为平均水深；g 为重力加速度，9. 81m/s^2；i 为河流坡度），将题中数据代入上式，则该污染物在河流中达到均匀混合的长度为 $L=(0.4\times100-0.6\times0)\times100\times1/[(0.058\times2+0.0065\times100)\times\sqrt{9.8\times2\times0.001}]=4\,000/(0.766\times0.14)=37\,299.5$（m）≈37.30（km）。

28. A 【解析】机械除尘器包括重力沉降室、惯性除尘器和旋风除尘器等。其中，重力沉降室适用于捕集粒径大于 50μm 的尘粒。

29. A 【解析】特殊生态敏感区是指具有极重要的生态服务功能，生态系统极为脆弱或已有较为严重的生态问题，如遭到占用、损失或破坏后所造成的生态影响后果严重且难以预防、生态功能难以恢复和替代的区域，包括自然保护区、世界文化和自然遗产地等，可知题中的自然保护区属于特殊生态敏感区。当建设项目的评价区域为特殊生态敏感区时，评价工作等级为一级。

30. B 【解析】越流系数表示当抽水含水层和供给越流的非抽水含水层之间的水头差为一个单位时，单位时间内通过两含水层之间弱透水层的单位面积的水量。显然，当其他条件相同时，越流系数越大，通过的水量就越多。

31. A 【解析】Ⅲ类水体溶解氧标准值为 5mg/L，则溶解氧的标准指数＝（9－8）/（9－5）＝0.25。

32. D 【解析】根据《声环境质量标准》，各类声环境功能区夜间突发噪声，其最大声级超过环境噪声限值的幅度不得高于 15dB（A），所以该区域夜间突发噪声的评价量应≤45＋15＝60［dB（A）］。

33. D 【解析】由“立即切断氨氮泄漏，修复污水池”可知，该泄漏排放属于非连续源排放，它来自瞬间溢出或其他事故排放。泄漏点处污染物进入含水层，污染物会随着地下水的流动而向下游迁移，边迁移边扩散。随着污染范围的扩展，污染物浓度会变小。

34. C 【解析】环境价值评估方法中第 1 组：旅行费用法、隐含价格法、调查评价法、成果参照法；第 2 组：医疗费用法、人力资本法、生产力损失法、恢复或重置费用法、影子工程法、防护费用法、治理费用法、其他可能的方法、费用参照法；第 3 组：反向评估、机会成本法。3 组评估方法选择的优先顺序（在可能情况下）：首选，第 1 组评估方法，理论基础完善；再选，第 2 组评估方法，低限值/不确定；后选，第 3 组评估方法，没有办法的办法。

35. C 【解析】由达西定律可知，当水力坡度 $i=1$ 时，则渗流速度 v＝渗透系数 K，即渗透系数在数值上等于水力坡度为 1 时的地下水渗流速度。

36. B 【解析】根据经验排污系数法公式，某污染物的排放总量为单位产品某污染物的排放定额乘以产品总产量，即 100×6＝600（g）＝0.6（kg）。该题没有用水量指标，排污系数是一个干扰条件。

37. D　【解析】D 项错误，费用效益分析中，补贴和税收不再被列入企业的收支项目中。

38. A　【解析】初级生产量的氧气测定法中，净初级生产量＝LB－IB，呼吸量＝IB－DB，总初级生产量＝LB－DB。

39. C　【解析】UASB 即上流式厌氧污泥床反应器，属于厌氧生物处理法。

40. B　【解析】排放口下游存在临界氧亏点，则临界氧亏点 DO 浓度值小于该排放口断面的溶解氧浓度。

二、不定项选择题

41. ABC　【解析】总图布置方案与外环境关系分析工作内容包括：分析厂区与周围的保护目标之间所定防护距离的安全性；根据气象、水文等自然条件分析工厂和车间布置的合理性；分析环境敏感点（保护目标）处置措施的可行性。

42. ACD　【解析】使用估算模式计算点源影响时，需输入基本参数包括：点源排放速率（g/s）；排气筒几何高度（m）；排气筒出口内径（m）；排气筒出口处烟气排放速度（m/s）；排气筒出口处的烟气温度（K）。

43. ACD　【解析】热电项目排放的污染物主要有二氧化硫、二氧化氮、PM_{10}、TSP，其中二氧化硫、二氧化氮、PM_{10}来自热电厂烟囱的排放，TSP 来自面源煤场、灰渣场的排放。

44. BC　【解析】消声器设计或选用应满足以下要求：①根据噪声源的特点，在所需要消声的频率范围内有足够大的消声量；②消声器的附加阻力损失必须控制在设备运行的允许范围内；③良好的消声器结构应设计科学、小型高效、造型美观、坚固耐用、维护方便、使用寿命长；④对于降噪要求较高的管道系统，应通过合理控制管道和消声器截面尺寸及介质流速，使流体再生噪声得到合理控制。

45. AC　【解析】新建项目污染物排放量的计算应算清“两本账”，即生产过程中的污染物产生量和实现污染防治措施后的污染物削减量。

46. AB　【解析】河流一级项目调查一般情况下调查一个水文年的丰水期、平水期、枯水期；若评价时间不够，至少应调查平水期和枯水期。河流二级项目调查，若条件许可，可调查一个水文年的丰水期、枯水期和平水期；一般情况可只调查枯水期和平水期；若评价时间不够，可只调查枯水期。河流三级项目调查，一般情况下可只在枯水期调查。

47. ABD　【解析】大气环境防护距离确定时采用进一步预测模型模拟评价基准年内，本项目所有污染源（改建、扩建项目应包括全厂现有污染源）对厂界外主要污染物的短期贡献浓度分布。$2\times90m^2$烧结机淘汰，对厂界外无贡献浓度。

48. ABC　【解析】水文地质柱状图是指将水文钻孔揭示的地层按其时代顺序、接触关系及各层位的厚度大小编制的图件。它含有含水层位置、厚度、岩性、渗透性，隔水层的位置、岩性和厚度等水文地质信息。含水层之间的补给关系，是河流补给潜水还是潜水补给河流，则无法准确判断。

49. ABC 【解析】当演变速率 $E=0$ 时，两个群落结构完全相同，没有发生演变；$0<E<1$ 时，两个群落的结构发生部分改变；当演变速率 $E=1$ 时，两个群落结构完全不同，没有共同种，发生完全演变。

50. BD 【解析】A 项缺少累积影响；C 项累积影响指一项活动的过去、现在以及可能预见的将来的影响具有累积性质或多项活动对同一地区可能叠加的影响。

51. AD 【解析】选项 B 错误，完全混合河段可采用河流完全混合模式。选项 C 错误，持久性污染物无须考虑降解速率，即不能采用河流一维稳态模式。

52. ABC 【解析】区分湖泊、水库水温是否分层的方法：①常用的是通过湖泊、水库水替换的次数指标 α 和 β 经验性标准来判别；②经验判断法，即以湖泊、水库的平均水深 $H>$10m，是分层型；反之若 $H\leqslant$10m，则湖泊、水库可能是混合型。

53. ABCD 【解析】生态影响预测与评价中应注意的问题有：①层次性；②结构一过程一功能整体性；③区域性；④生物多样性保护优先；⑤特殊性。

54. ABD 【解析】在所有的除尘器中，电除尘器的投资成本相对较高，排除 C 项。

55. AD 【解析】湖泊水温度分层的判别方法有两种：①利用湖泊或水库的平均水深 H 判断是否分层时，当 $H>$10m 时认为下层水不受上层水的温度影响，为分层型。②当 $\alpha<10$，认为湖泊是稳定的分层型；$\alpha>20$ 时，湖泊为混合型。在洪水期，利用 α 判断可能出现与现实矛盾的现象，所以引入 β；当 $\beta<1/2$ 时，洪水对湖泊的水温分层几乎没有影响；当 $\beta>1$ 时，大洪水期湖泊水温可能是临时性混合型。

56. ABC 【解析】大气环境影响预测中的进一步预测模型包括：AERMOD、ADMS、AUSTAL2000、EDMS/AEDT、CALPUFF 和光化学网络模型。AERMOD 包括两个预处理模式，即 AERMET 气象预处理模式和 AERMAP 地形预处理模式。

57. AC 【解析】由于可以将支流作为点源处理，在汇入处分段进行预测，更能反映实际情况。

58. ACD 【解析】B 项双注工艺不是工艺流程的种类，A、C、D 三项都是工艺流程的种类。

59. AD 【解析】垃圾填埋场产生的气体主要为甲烷和二氧化碳，此外还含有少量一氧化碳、氢、硫化氢、氨、氮、氧等，接受工业废物的城市生活垃圾填埋场其气体中可能含有微量挥发性有毒气体。填埋场释放气体中的微量气体量很小，但成分却很多。

60. ACD 【解析】A、C、D 三项都是公路铁路声环境影响评价重点分析的问题；而 B 项是两侧的城镇规划。

61. BCD 【解析】类比对象的选择标准：①生态背景相同，即区域具有一致性，在同一个生态背景下区域的主要生态问题相同；②类比的项目性质相同，如项目的工程性质相似、工艺流程相似、规模相当；③类比项目已经建成，并对生态产生了实际的影响，而且所产生的影响已基本全部显现，这种情况下，不要根据性质相同的拟建设项目的生态影响评价进行类比。

62. AB 【解析】C、D两项是大气无组织排放的点源应考核的内容。

63. ABC 【解析】地下水运移速率＝渗透系数×水力坡度/有效孔隙度＝100×1%/25%＝4（m/d），运移距离＝4×100＝400（m）。故100天内可测出特征污染物的监测井在400m范围内，包含下游25m处的11号井、下游100m处的12号井和下游200m处的13号井。

64. ABCD 【解析】建设项目环境保护验收重点确定的依据有：①可行性研究、初步设计文件及批复等确定的项目建设规模、内容、工艺方法及各项环境保护设施和各项生态保护设施，包括监测手段；②环境影响评价文件及其批复规定应采取的各项环境保护措施、污染物排放、敏感区域保护、总量控制及生态保护的有关要求；③各级生态环境主管部门针对建设项目提出的具体环境保护要求文件；④国家法律、法规、行政规章及规划确定的敏感区，如饮用水水源保护区、自然保护区、重要生态功能保护区、珍稀动物栖息地或特殊生态系统、重要湿地和天然渔场等；⑤国家相关的产业政策及清洁生产要求。

65. AC 【解析】根据我国环保法的规定，禁止砍伐古树，排除B、D两项。

66. BCD 【解析】A项错误，粒级按细胞最大长度计算。

67. CD 【解析】总铜、硫化物属于第二类污染物，在总排放口监测。

68. CD 【解析】溶质迁移参数包括孔隙度和弥散度。

69. ABCD 【解析】判断模型识别与验证的依据主要有：模拟的地下水流场要与实际地下水流场基本一致；模拟地下水的动态过程要与实测的动态过程基本相似；从均衡的角度出发，模拟的地下水均衡变化要与实际要素基本相符；识别的水文地质参数要符合实际水文地质条件。

70. AC 【解析】B项采用的是一维模型，D项采用的是一维稳态模式。

71. AC 【解析】除尘技术是治理烟（粉）尘的有效措施，根据在除尘过程中有无液体参加，可分为干式除尘和湿式除尘。自激式洗涤器、高压喷雾洗涤器和高压文氏管除尘器属于湿式除尘类型，除尘作用力为惯性和扩散与凝集。

72. ABCD 【解析】环境噪声现状测量需考虑测量条件、测点布设、测量仪器、测量方法、测量时段等。

73. ABCD 【解析】环境的总价值包括环境的使用价值和非使用价值。环境的使用价值包括直接使用价值、间接使用价值和选择价值。

74. ABCD 【解析】《环境影响评价技术导则　生态影响》附录中指出：景观生态学方法对景观的功能和稳定性分析包括如下4方面内容：①生物恢复力分析；②异质性分析；③种群源的持久性和可达性分析；④景观组织的开放性分析。

75. ABCD 【解析】建设项目竣工环境保护验收的生态影响调查要考虑的主要内容有：①落实环评文件及主管部门批复意见所要求的生态保护措施；②对已产生的生态破

坏采取的补救措施及效果；③生态保护措施的实施效果；④公众意见。

76. ABC 【解析】危险废物的特性包括具有毒性、易燃性、反应性、腐蚀性、爆炸性、传染性。

77. ABC 【解析】A、B、C三项都属于垃圾填埋场污染防治措施，D项中除尘脱硫措施属于大气污染控制技术。

78. ACD 【解析】当重要物种（如树木）、生境（如林地）及资源受到工程影响时，可采取在当地或异地（工程场址内或场址外）提供同样物种或相似生境的方法进行补偿。例如，大型开发区的建设可能会侵占大片林地或草地，可以通过区内适当的绿化面积和绿化类型的搭配加以补偿。就地补偿类似于生态恢复，但建立的新系统和原生态系统不可能也没必要完全一致。异地补偿特别要注意补偿地点和补偿形式与建设地区生态类型和功能的联系，以及补偿量的等当量关系。

79. ABD 【解析】A、B、D三项都属于生物膜法，而C项氧化沟属于活性污泥法。

80. CD 【解析】废气污染物年排放总量＝废气排放速率×年工作时间，与污染物排放浓度和排气筒高度无关。

押题模拟试卷（二）

一、单项选择题

1. A 【解析】用煤量1.8t/h＝500 000mg/s，则烟尘的排放量＝500 000×25％×80％×（1－80％）＝20 000（mg/s）＝20（g/s）。

2. C 【解析】建成后保护目标的小时浓度值＝0.10＋0.35－0.05＝0.40（mg/m^3），二类区执行二级标准，SO_2小时浓度二级标准为0.50mg/m^3，达标。

3. D 【解析】无组织排放的确定方法主要有：①物料衡算法：通过全厂物料的投入产出分析，核算无组织排放量。②类比法：通过与工艺相同、使用原料相似的同类工厂进行类比，核算本厂无组织排放量。③反推法：通过对同类工厂正常生产时无组织监控点进行现场监测，利用面源扩散模式反推，确定工厂无组织排放量。

4. C 【解析】污染物浓度c＝（400×0.61×12.5×0.58＋1 500×2.56）÷（0.61×12.5×0.58＋2.56）＝803.4（mg/L）。

5. B 【解析】新鲜工业用水量，如有自来水厂数据应优先使用自来水厂的数据，否则就用企业上报数据，该工厂的工业废水排放量＝1.2×0.7＝0.84（万t）。

6. D 【解析】SO_2日平均浓度二级标准值0.50mg/m^3，则SO_2最大日平均浓度＝0.50×（1＋30％）＝0.65（mg/m^3）。

7. D 【解析】内梅罗法计算公式为$c=\sqrt{\frac{c_{极}^2+c_{均}^2}{2}}$，式中：$c$为某水质监测因子的内梅罗值，mg/L；$c_{极}$为某水质监测因子的实测极值，mg/L，极值的选取主要考虑水质监测数据中反映水质状况最差的一个数据值；$c_{均}$为某水质监测因子的算术平均值，mg/L。由题意得，$c_{极}$=8.7 mg/L，$c_{均}$= （3.5+4.7+6.9+8.7+4.4） ÷5=5.64（mg/L），则该水域BOD_5的监测统计代表值 $c=\sqrt{\frac{(8.7)^2+(5.64)^2}{2}}\approx 7.3$（mg/L）。

8. B 【解析】根据几个声压级相加的通用式 $L_{总}=10\lg(\sum_{i=1}^{n}10^{\frac{Li}{10}})$（式中：$L_{总}$为几个声压级相加后的总声压级，dB；$L_i$为某一个声压级，dB），则这四台机器同时运行时的声压级 $L_{总}=10\lg(10^{\frac{84}{10}}+10^{\frac{82}{10}}+10^{\frac{86}{10}}+10^{\frac{89}{10}})\approx 92$（dB）。

9. B 【解析】根据类比法中的经验排污系数法公式，进入产品中的某污染物总量=10 000－（1 500+4 000+500+1 000）=3 000（t）。

10. B 【解析】氨排放参数=［1 000×（1－96%－3.5%－0.3%）×10^3］/8 000=0.25（kg/h）。

11. D 【解析】由题中数据得，乙企业废水处理后COD年排放量=废水总量×废水中COD的浓度×（1－COD去除率）=300×10^4×1 000×400×（1－60%）/10^9=480（t）。

12. D 【解析】开停车工况下污染物排放量计入全厂二氧化硫排放总量的数量=（6.5+3.5）×4×24=960（t/a）。

13. D 【解析】图中重复利用水量为两次重复利用的和。根据工业用水重复利用率的公式：工业用水重复利用率=重复利用水量/（重复利用水量+取用新水量），即（40+20）/（40+20+50）×100%≈54.5%。

14. C 【解析】题中“井预先指定注入水的浓度为 C_s”为干扰信息。因此通过一口抽水井质量减少量= Q_wC_a 。

15. B 【解析】当噪声值相同时相加，声压级增加3dB（A），因此该建设项目声源在预测点的等效声级贡献值70dB与预测点的背景值70dB叠加，为73dB。题中20m是干扰条件。

16. C 【解析】根据题意，选用公式 $L_p=20\lg\frac{p}{p_0}$（dB）（式中：L_p为某噪声的声压级；p为该噪声的声压；空气中的参考声压 p_0规定为 2×10^{-5}Pa），将题中数据代入该式，则有 20lg［p/（2×10－5）］=80，解得 p=0.20Pa。

17. D 【解析】根据题中条件将鼓风机按点声源处理。则鼓风机在居民楼处产生的声压级 $L=L_{40m}-20\lg(40/4)=83-20\lg(40/4)=63$（dB）。

18. C 【解析】通常水温的垂向分布有三个层次，上层温度较高，下层温度较低，中层为过渡带，称为温跃层。水中溶解氧在温跃层以上比较多甚至可接近饱和，而温跃层以下，大气中的溶解进水中的氧很难到达，加之有机污染物被生物降解消耗了水中的氧，因此下层溶解氧较低，称为缺氧区。

19. B 【解析】对于技改扩建项目，环保设施投资一览表中还应包括“以新带老”的环保投资内容。

20. A 【解析】除尘效率=1－（20 000×22.5×10^{-6}）/（100×90%）=99.5%。

21. D 【解析】零维模型是将整个环境单元看作处于完个均匀的混合状态，模型中不存在空间环境质量上的差异，主要用于湖泊和水库水质模拟；一维模型横向和纵向混合均匀，仅考虑纵向变化，适用于中小河流；二维模型垂向混合均匀，考虑纵向和横向变化，适用于宽而浅型江河湖库水域；三维模型考虑三维空间的变化，适用于排污口附近的水域水质计算。

22. D 【解析】排入大气中的二氧化硫量＝6 000×2%×（1－4%－20%－51%－3%）×2＝52.8（kg/h）。(按硫元素的物料平衡计算，S→SO_2，分子量增加1倍)

23. C 【解析】生态机理分析法是根据建设项目的特点和受其影响的动植物的生物学特征，依照生态学原理分析、预测工程生态影响的方法。

24. A 【解析】在沉降作用明显的河流充分混合段需考虑衰减作用，最适宜采用河流一维水质模式。

25. B 【解析】若某水质因子的监测数据量少，水质浓度变幅大，则实测统计代表值获取的方法应选择极值法；若某水质因子的监测数据量多，水质浓度变幅较小，则实测统计代表值获取的方法应选择均值法；若某水质因子有一定的监测数据量，水质浓度变幅较大，则实测统计代表值获取的方法应选择内梅罗法。

26. C 【解析】常规高空气象探测资料的常规调查项目包括：时间（年、月、日、时），探空数据层数，每层的气压、高度、气温、风速、风向（以角度或按16个方位表示）。总云量是地面气象观测资料的内容。

27. D 【解析】成果参照法是把旅行费用法、隐含价格法、调查评价法的实际评价结果作为参照对象，用于评价一个新的环境物品，该方法最大的优点是节省时间、费用，因此是最常用的方法。

28. B 【解析】达西定律通常适用于雷诺数 Re＜10 的层流。

29. B 【解析】由题意可知，该环境影响评价区域属于一般区域。根据《环境影响评价技术导则　生态影响》，面积≥20km² 的一般区域的生态影响评价工作等级为二级。

30. B 【解析】城市污水处理厂外排尾水中有致病微生物，紫外线灯发出的紫外线能灭杀致病微生物。

31. D 【解析】因断面流速不均，才会形成剪切流，造成纵向离散。

32. D 【解析】生态系统破碎化严重的景观阈值低。景观阈值与植被种类关系密切，一般森林的景观阈值较高，灌丛次之，草本再次之，裸岩更低。

33. B 【解析】大于30s为“极敏感”，10～30s为“很敏感”，5～10s为“中等敏感”。

34. B 【解析】对于单条跑道改、扩建机场工程，测点数量可分别布设3～9个飞机噪声测点。

35. C 【解析】根据《危险废物填埋污染控制标准》，人工合成材料衬层一般可以采用高密度聚乙烯，其渗透系数不大于 1.0×10^{-12}，厚度不小于1.5mm。

36. C 【解析】C项错误，应分别在车流量平均时段和高峰时段进行测量。

37. B 【解析】用两点法估算 BOD 衰减系数 $K_1 = u/x \ln (L_1/L_2) = 1/3 \ln (31/17.3) = 0.194/d$。

38. D 【解析】河流流动视为恒定均匀流的关键是河流流速恒定，只有断面形态不变，河流流速才可能恒定。

39. A 【解析】第Ⅱ组方法不包括机会成本法，排除 B 项；第Ⅲ组方法不包括影子工程法，排除 C 项；理论上第Ⅱ组方法评估出的不是以支付意愿衡量的环境价值，排除 D 项。

40. B 【解析】三级项目要对关键评价因子（如对绿地、珍稀濒危物种、荒漠等）进行预测；二级项目要对所有重要评价因子均进行单项预测；一级项目除进行单项预测外，还要对区域性全方位的影响进行预测。

二、不定项选择题

41. ABC 【解析】D 项不属于面源参数，属于预测点的参数。

42. AC 【解析】工程分析中将没有排气筒或排气筒高度低于 15m 的排放源定为无组织排放源。

43. AC 【解析】补充地面气象观测的前提条件是：如果地面气象观测站与项目的距离超过 50km，并且地面站与评价范围的地理特征不一致，还需要进行补充地面气象观测。

44. ACD 【解析】非正常排污包括两部分：①正常开、停车或部分设备检修时排放的污染物；②其他非正常工况排污。

45. ACD 【解析】B 项错误，环境区划可以分为环境要素区划、环境状态与功能区划、综合环境区划等。

46. ACD 【解析】各类焚烧厂的选址从环境保护角度考虑，不能建设在地面水Ⅰ类区、Ⅱ类区、环境空气质量一类功能区，即自然保护区、风景名胜区和其他需要特殊保护地区。集中式危险废物焚烧厂不允许建设在人口密集的居住区、商业区和文化区。各类焚烧厂不允许建设在居民区主导风向的上风向地区。

47. ACD 【解析】火炬源参数调查清单包括：火炬底部中心坐标；火炬底部的海拔；火炬的等效高度；火炬等效内径；排气筒出口处的烟气温度；火炬等效烟气排放速度；年排放小时数；排放工况；燃烧物质及热释放速率（燃烧物质、燃烧速率和总热释放速率）；污染物排放速率。

48. ABC 【解析】按地下水的赋存介质，即孔隙类型，可将地下水分为三大类，即松散岩石中的孔隙水、碎屑岩类裂隙水、可溶岩类岩溶水。

49. BCD 【解析】环境敏感区包括：需特殊保护地区、生态敏感与脆弱区、社会关注区。

50. ABCD 【解析】废水中的重金属离子（如汞、镉、铅、锌、镍、铬、铁、铜等）、碱土金属（如钙、镁）、某些非重金属（如砷、氟、硫、硼）均可采用化学沉淀法去除。

51. ABCD 【解析】污水污泥的减量化处理包括使污泥的体积减小和污泥的质量减少，前者如采用污泥浓缩、脱水、干化等技术，后者如采用污泥消化、污泥焚烧等技术。实现污泥稳定可采用厌氧消化、好氧消化、污泥堆肥、加碱稳定等技术。污水污泥的无害化处理可减少污泥中的致病菌。

52. ABCD 【解析】环境噪声现状测量时段的要求包括：①应在声源正常运行工况的条件下选择适当时段测量；②每一测点，应分别进行昼间、夜间时段测量，以便与相应标准对照；③对于噪声起伏较大的情况（如道路交通噪声、铁路噪声、飞机场噪声），应增加昼间、夜间的测量次数其测量时段应具有代表性；④每个测量时段的采样或读数方式以现行标准方法规范要求为准。

53. BCD 【解析】项目污染物总量控制建议指标不需要考虑经济效益，排除 A 项。

54. ACD 【解析】单因子指数法可进行生态因子的现状评价，例如以同类型立地条件的森林植被覆盖率为标准，可评价项目建设区的植被覆盖现状情况；亦可进行生态因子的预测评价，如以评价区现状植被盖度为评价标准，可评价建设项目建成后植被盖度的变化率。综合指数法权重的赋予一般都是根据专业、专家判断，不同人赋予值有所差异。

55. AB 【解析】A、B 两项都是年径流深的概念，只是表达的方式不同。

56. BD 【解析】A 项错误，水深为 3～6m 时，至少应在表层和底层采样；C 项错误，测定溶解氧的水样，应加入 2mL 硫酸锰溶液和 2mL 碱性碘化钾溶液固定。

57. ABD 【解析】河流水质基本方程 $u\dfrac{\partial c}{\partial x}=-kc$ 适用于溶解态污染物、恒定均匀流、衰减符合一级动力学反应的污染物、吸附态污染物等情况。

58. ABCD 【解析】陆生野生动物的调查内容一般应包括：①动物种类及区系组成；②分布范围及生境状况；③种群数量及繁殖规律；④迁徙行为及迁徙通道。

59. ABCD 【解析】草地生产力的测定多采用样地调查收割法，主要内容包括：①地上部分生产量；②地下部分生产量；③枯死凋落量；④被动物采食量。

60. AB 【解析】就地恢复工程技术按其应用方式（如何应用和在何地应用）分为就地处理和异地处理；按科学原理分为物理、化学、生物处理技术。

61. BD 【解析】运营期满后，矿山建设工程主要是进行生态影响分析，垃圾填埋场主要是进行渗滤液和臭气影响分析。

62. ABD 【解析】声环境功能区的环境质量评价量为昼间等效声级、夜间等效声级，突发噪声的评价量为最大 A 声级。根据《声环境质量标准》规定，各类声环境功能区夜间突发噪声，其最大声级超过环境噪声限值的幅度不得高于 15dB（A），没有规定昼间突发噪声限值的幅度。

63. ABD 【解析】风险的属性包括：①具有不确定性；②带来不希望发生的后果或损失；③引发事件链。C 项为干扰项，不属于风险属性。

64. BC 【解析】均质池的作用是使不同时间或不同来源的废水进行混合，使出流水质比较均匀。二级废水处理系统在生物处理前设初沉池，可除去水中的悬浮颗粒物，减轻后续处理设施的负荷，保证生物处理设施功能的发挥；生物处理设备后的二沉池，可分离生物污泥，使处理流水得到澄清。曝气池的作用是就是不断地把空气打入水中或利用机械搅拌作用使空气中的氧溶入水中。曝气一方面提供好氧微生物新陈代谢过程所需要的溶解氧；另一方面，曝气也起到混合搅拌作用，使微生物和污染物充分接触，强化生化反应的传质过程。

65. CD　**【解析】**部分监测项目在不同时间采集的水样不能混合测定，如水温、pH 值、色度、动植物油类、石油类、生化需氧量、硫化物、挥发性有机物、氰化物、余氯、微生物、放射性等。

66. ABD　**【解析】**固体废物处置常用的预处理方法有：压实、分选、破碎。

67. CD　**【解析】**填埋时间在 5 年以上的填埋场的渗滤液主要特点是：pH 接近中性或弱碱性（一般在 6～8），BOD_5 及 COD 浓度较低，且 BOD_5/COD 比值较低，而 NH_4^+-N 的浓度高，重金属离子浓度则开始下降，渗滤液的可生化性差。

68. BCD　**【解析】**地下水保护措施与对策应符合《中华人民共和国水污染防治法》的相关规定，“源头控制、分区防治、污染监控、应急响应”，突出饮用水安全。均衡开采适用于可能引起地下水流场或地下水水位变化导致环境水文地质问题的Ⅱ类建设项目。

69. AD　**【解析】**B 项错误，在径流形成过程中，常常将从降雨到径流形成称为产流阶段；把坡面漫流及河网汇流称为汇流阶段。C 项错误，径流系数指某一时段内径流深与相应降雨深的比值；径流模数指流域出口断面流量与流域面积的比值。

70. ABC　**【解析】**题中环境影响预测分析需关注的内容有集中供水水源地、洄游性鱼类、浮游生物，而局地气候只有在大型水库项目中才考虑。

71. AB　**【解析】**环境风险的防范和减缓措施应从以下两个方面考虑：①开发建设项目活动特点、强度与过程；②所处环境的特点和敏感性。

72. ABCD　**【解析】**自然环境调查的基本内容包括：地理位置、地质、地形地貌、气候与气象、地面水环境、地下水环境、土壤与水土流失、动植物与生态。

73. BC　**【解析】**污染物质能否进入含水层取决于地质、水文地质条件。承压含水层由于上部有隔水顶板，只要污染源不分布在补给区，就不会污染地下水。如果承压含水层的顶板为厚度不大的弱透水层，污染物则有可能通过顶板进入含水层。潜水含水层到处都可以接受补给，污染的危险性取决于包气带的岩性与厚度。

74. ABCD　**【解析】**出水消毒是污水二级或三级处理过程的最后一步操作，消毒剂主要有氯气、臭氧、紫外线、二氧化氯和溴。

75. ABD　**【解析】**泄漏液体的蒸发分为闪蒸蒸发、热量蒸发和质量蒸发三种，其蒸发总量为这三种蒸发之和。

76. ABD　**【解析】**控制燃煤锅炉 NO_x 排放的有效方法有非选择性催化还原法、选择性催化还原法、低氮燃烧技术。

77. BC 【解析】S-P 模式是河流一维稳态水质模式的特例，是研究河流溶解氧与 BOD 关系的最早的、最简单的耦合模型。

78. BC 【解析】影响重金属污染物在包气带土层中迁移的主要因素包括重金属的特性和土层岩性。而 A、D 两项是在含水层中迁移。

79. ABCD 【解析】AERMOD 模式系统处理的点源参数包括：点源排放率、烟气温度、烟囱高度、烟囱出口烟气排放速度、烟囱出口内径。

80. ABC 【解析】环境噪声现状测量需记录的内容包括：①测量仪器型号、级别，仪器使用过程的校准情况；②各测量点的编号、测量时段和对应的声级数据（备注中需说明测量时的环境条件；③有关声源运行情况（如设备噪声包括设备名称、型号、运行工况、运转台数，道路交通噪声包括车流量、车种、车速等）。

押题模拟试卷（三）

一、单项选择题

1. C 【解析】危险物质数量与临界量比值（Q）＝300/40＋113.8/20＝13.19。

2. A 【解析】A 企业 COD 排放量＝废水排放总量×废水中 COD 浓度×排污系数＝$9\ 000\times10^3\times0.7\times500\times10^{-6}=3\ 150$（kg）。

3. D 【解析】建设项目环境影响识别一般从社会影响、生态影响和环境污染三个方面考虑，在结合项目自身环境影响特点、区域环境特点和具体环境敏感目标的基础上进行识别。

4. A 【解析】A 项错误，资料复用法常用于评价工作等级较低的建设项目。

5. C 【解析】《大气污染物综合排放标准》规定：排气筒高度应高出周围 200m 半径范围的建筑 5m 以上，不能达到该要求的排气筒，应按其高度对应的排放速率标准值严格 50％执行，即排放速率＝170×50％＝85（kg/h）。

6. D 【解析】在统计污染物排放量的过程中，应算清新老污染源“三本账”。技改扩建前污染物排放量为 200t/a；技改扩建项目污染物排放量：技改后增加部分为 240－200＝40（t/a），处理效率为（240－80）/240×100％＝66.7％，技改新增部分排放量为 40×（1－66.7％）＝13.32（t/a），“以新带老”削减量＝200×66.7％＝133.4（t/a）。

7. C 【解析】干容重是干的土壤基质物质的量与总容积之比，即（1×2－1×1×25％）/1＝1.75（g/cm^3）。

8. D 【解析】在忽略纵向弥散作用的情况下，采用河流的一维稳态水质模式 $c=c_0\cdot\exp[-Kx/(86\ 400u)]$［式中：$c_0$ 为初始浓度，mg/L，计算式为 $c_0=(c_u\cdot Q_u+c_e\cdot Q_e)/(Q_u+Q_e)$（上游来流量为 Q_u，上游来流水质浓度为 c_u，污水排放流量为 Q_e，污染物排放浓度 c_e）；K 为一阶动力学反应速度，l/d；u 为河流流速，m/s；x 为沿河流方向距离，m；c 为位于污染源（排放口）下游 x 处的水质浓度，mg/L］，将题中数据代入上式，则排放点下游 15km 处的苯酚浓度＝（0.8×6.5＋40×0.25）/（6.5＋

0.25）×exp［（−0.25×15 000）/（86 400×0.4）］≈2.21（mg/L）。

9. C　**【解析】**改扩建工程的工程占地范围以新增占地（含水域）面积或长度计算，本工程新增长度 40km，根据导则，在重要生态敏感区长度≤50km，生态影响评价工作等级为三级。

10. A　**【解析】**当 $DO_j \geq DO_s$，则有 $S_{DO}=\frac{|DO_f-DO_j|}{DO_f-DO_s}$（式中：DO 为溶解氧；$S_{DO,j}$ 为 DO 的标准指数；DO_f 为某水温、气压条件下的饱和溶解氧浓度，mg/L，计算公式常采用 $DO_f=468/(31.6+t)$，t 为水温，℃；DO_j 为在 j 点的溶解氧实测统计代表值，mg/L；DO_s 为溶解氧的评价标准限值，mg/L），将题中数据代入上式，$DO_f=468/(31.6+22)=8.7$。$S_{DO,j}=(8.7-8)/(8.7-6)\approx0.26$。

11. C　**【解析】**该厂的用水重复利用率 $=\frac{\text{重复利用水量}}{\text{重复利用水量}+\text{取用新水量}}=\frac{50+50+900}{50+50+900+250}\times100\%=80.0\%$。

12. B　**【解析】**二氧化硫二级标准浓度限值的日平均值为 0.15mg/m^3，则最大落地浓度为 0.30mg/m^3。

13. C　**【解析】**对于项目产生废水，经过简单处理后排入区域或城市污水处理厂进一步处理或排放的项目，应对接纳排水的污水处理厂的工艺合理性进行分析，其处理工艺是否与项目排水的水质相容。

14. D　**【解析】**废气年排放量 $=300\times1.1\times10^4+400\times1.4\times10^4=890\times10^4$（m^3）。

15. C　**【解析】**当两个噪声的声压级相等时，合成声压级增加 3dB，则该敏感目标接收到的声压级 =56+3=59（dB）。

16. D　**【解析】**要达标，则噪声衰减值应为 30dB。题中可将压片机产生的噪声看作点声源，根据点声源的距离发散衰减值公式可得，$30=20\lg(r/3)$，解得 $r=95$（m）。

17. A　**【解析】**耗水量（H）指整个工程项目消耗掉的新鲜水量总和，即耗水量（H）= 产品含水量（Q_1）+ 间接冷却水系统补充水量（Q_2）+ 洗涤用水、直接冷却水和其他工艺用水量之和（Q_3）+ 锅炉运转消耗的水量（Q_4）+ 水处理用水量（Q_5）+ 生活用水量（Q_6）。

18. C　**【解析】**根据已知条件，线声源长度 l_0=600m，当 $l_0/3<[r\,(500\text{m}), r_0\,(250\text{m})]<l_0$ 时，则 $L_p(r)=L_p(r_0)-15\lg(r/r_0)=65-15\lg2=60.5$dB（A）。

19. B　**【解析】**SO_2 的最大排放量 =2 500×1.5%×2×80%=60（kg/h）。（注意：按照硫元素的物料衡算即可求解，硫和二氧化硫差一倍质量。）

20. A　**【解析】**B、C、D 三项只需预测主要因子。

21. B　**【解析】**小型湖泊，当水深≥10m 时，在水面下 0.5m 处和水深 10m 并距底不小于 0.5m 处各设一取样点。

22. A　**【解析】**生物量是衡量环境质量变化的主要标志，生物量的测定，采用样地调查收割法，样地面积草本群落选用 100m^2，疏林及灌木林选用 500m^2，森林选用

1 000m^2。

23. D 【解析】该线声源可视为无限长线声源，则 30m 处的噪声值＝90－10lg（30/10）＝90－4.8＝85.2（dB）。

24. B 【解析】建筑物下洗现象是指由于周围建筑物引起的空气扰动，导致排气筒排出的污染物迅速扩散至地面，出现高浓度的情况。

25. A 【解析】预防拟建项目对地下水的污染的措施应优先考虑的是合理选址，其次优化生产工艺，然后基础防渗。环保措施均应遵守“先避后控”的顺序。

26. B 【解析】蒸发排泄仅消耗水分，盐分仍留在地下水中，所以蒸发排泄强烈地区的地下水，水的矿化度比较高。

27. B 【解析】该设施非甲烷总烃的去除率＝1－70×35 000/（3×10^3×25 000）≈96.7％。

28. A 【解析】一般以年水量变化的频率为 10％代表多水年，50％代表中水年，75％～95％代表少水年。

29. B 【解析】烟气停留时间＝（5－1）×（3/2)^2×3.14/（36 000/3 600）≈2.83（s）。

30. A 【解析】排放点下游 2km 处的 BOD_5 浓度＝（0.15×20＋2×5）/（0.15＋2）×exp［－0.2×2 000/（0.28×86 400）］≈5.95（mg/L）。

31. D 【解析】在河流中，影响污染物输移的最主要的物理过程是对流、横向扩散和纵向扩散。

32. A 【解析】水质参数排序公式中，c_{pi} 为水污染物 i 的排放浓度；Q_{pi} 为含水污染物 i 的废水排放量；c_{si} 为水质参数 i 的地表水水质标准；c_{hi} 为河流上游水质参数 i 的浓度；Q_{hi} 为河流上游来水流量。

33. C 【解析】在固体表面，振动以弯曲波的形式传播，因而能激发建筑物的地板、墙面、门窗等结构振动，再次向空中辐射噪声，这种通过固体传导的声叫做固体声。使用隔振装置，可以隔离或减弱建筑结构或管道系统噪声。

34. D 【解析】城市污水处理厂厌氧工艺无组织排放的废气中，含氮污染物主要是 NH_3。厌氧产生的 NH_3 为恶臭污染物。

35. A 【解析】建设项目竣工环境保护验收时，对生产稳定且污染物排放有规律的废水排放源，以生产周期为采样周期，采样不得少于 2 个周期，每个采样周期内采样次数一般应为 3～5 次。

36. B 【解析】水污染影响型建设项目在拟建排放口上游应布置对照断面（宜在 500m 以内），根据受纳水域水环境质量控制管理要求设定控制断面。

37. A 【解析】由于河流排污混合区内污染物迁移转化的主要过程是“混合”，也就是物理过程为主。完全混合后，才以生物降解过程为主。

38. D 【解析】20％～30％为“中等敏感”，30％～45％为“很敏感”，大于 45％为“极敏感”。

39. C 【解析】根据《声环境质量标准》，我国现有环境噪声标准中，主要评价量为等效连续 A 声级和计权等效连续感觉噪声级。

40. C 【解析】在样方调查（主要是进行物种调查、覆盖度调查）的基础上，频度＝包含该种样地数/样地总数。

二、不定项选择题

41. BC 【解析】B 项错误，生产过程中投入系统的物料总量必须等于产品数量和物料流失量之和；C 项错误，资料复用法只能在评价等级较低的建设项目工程分析中使用。

42. ACD 【解析】建设项目所在地区的主要气候特征包括年平均风速和主导风向，年平均气温，极端气温与月平均气温，年平均相对湿度，平均降水量、降水天数，降水量极值，日照、年均蒸发量，主要的天气特征等。

43. ABD 【解析】生活污水中有氨氮；尿素生产的原料来自合成氨；染料生产中含有氨基的有机物也会产生氨氮。

44. BCD 【解析】耗氧系数 K_1 的单独估值方法有：实验室测定法、两点法、多点法、Kol 法。复氧系数 K_2 的单独估值方法（经验公式法）有：欧康那—道宾斯公式、欧文斯等人经验式、丘吉尔经验式。

45. ABC 【解析】环境要素也称环境基质，是构成人类环境整体的各个独立的、性质不同的而又服从整体演化规律的基本物质成分。通常是指自然环境要素，包括大气、水、生物岩石、土壤以及声、光、放射性、电磁辐射等。环境要素组成环境的结构单元，环境结构单元组成环境整体或称为环境系统。

46. AD 【解析】如预测计算点距离源中心＞1 000m，无论采用直角还是极坐标网格布点，预测网格点网格间距在 100～500m 都是合理的。

47. ABC 【解析】A、B、C 三项均属二氧化硫防治措施，而泥煤碱法属氮氧化物的治理方法。

48. ABC 【解析】土壤污染防治措施包括：①源头防控措施；②过程防控措施；③跟踪监测计划。

49. BCD 【解析】无组织排放源的源强确定方法有：物料衡算法、类比法、反推法。

50. BCD 【解析】A 项应是：布点应覆盖整个评价范围，包括厂界（或场界、边界）和敏感目标。

51. ABC 【解析】城市生活垃圾填埋场渗滤液 BOD_5/COD 值较低，可生化性差，重金属浓度和市政污水中重金属浓度基本一致。

52. ABCD 【解析】沉淀剂可选用石灰、硫化物、钡盐和铁屑等。

53. BCD 【解析】地表以下地下水面以上的岩土层，其空隙未被水充满，空隙中仍包含着部分空气，该岩土层即称为包气带。包气带水是指处于地表面以下、潜水位以上的包气带岩土层中的水，包括土壤水、沼泽水、上层滞水以及基岩风化壳中季节性存在的水。潜水指地表以下、第一个稳定隔水层以上具有自由水面的地下水。充满于上下两个隔水层之间的地下水，称为承压水。

54. AD 【解析】污泥处理的化学稳定过程包括化学氧化和 pH 值调整。

55. ACD 【解析】生物多样性是一定空间范围内各种各样有机体的变异性及其有规律地结合在一起的各种生态复合体的总称，其中包括基因、物种和生态系统多样性三个层次。

56. ABCD 【解析】数学模型法包括数值法、解析法、均衡法、回归分析、趋势外推、时序分析等方法。

57. AC 【解析】垃圾焚烧尾气中的含氯废气适合采用碱液或碳酸钠溶液吸收处理。

58. BC 【解析】回收类方法主要有吸附法、吸收法、冷凝法和膜分离法等。选项 A、D 属于消除类方法。

59. BD 【解析】温跃层以下的状态是大气中的溶解进水中的氧很难到达，加之有机污染物被生物降解消耗了水中的氧，因此下层溶解氧较低，称为缺氧区。

60. AB 【解析】当被调查的范围内面源污染严重，丰水期水质比枯水期严重时，一、二级评价的各类水域须调查丰水期，三级如果时间允许应进行丰水期调查，排除 C 项。冰封期较长的水域，且作为生活饮用水、食品加工水的水域和渔业用水时，应调查冰封期的水质水文情况，排除 D 项。

61. ABD 【解析】同一个水样 BOD_5/COD_{Cr} 比值不可能超过 90%，高锰酸盐指数不可能大于 COD_{Cr} 的值。

62. AD 【解析】地面气象观测资料的常规调查项目包括：时间（年、月、日、时）、风向（以角度或按 16 个方位表示）、风速、干球温度、低云量、总云量。根据不同评价等级预测精度要求及预测因子特征，可选择调查的观测资料的内容：湿球温度、露点温度、相对湿度、降水量、降水类型、海平面气压、观测站地面气压、云底高度、水平能见度等。常规高空气象探测资料的常规调查项目包括：时间（年、月、日、时），探空数据层数，每层的气压、高度、气温、风速、风向（以角度或按 16 个方位表示）。

63. ABC 【解析】水污染防治的措施包括：①合理选址；②地下水分层开采；③工程防渗措施；④污染物的清除与阻隔措施。划定饮用水源保护区是政府部门的事情，与拟建固体废物填埋场项目无关。

64. ABD 【解析】氧垂曲线的最低点 C 称为临界氧亏点，临界氧亏点的亏氧量称为最大亏氧值。在临界亏氧点左侧，耗氧大于复氧，水中的溶解氧逐渐减少：污染物浓度因生物净化作用而逐渐减少。达到临界亏氧点时，耗氧和复氧平衡；临界点右侧，耗氧量因污染物浓度减少而减少，复氧量相对增加，水中溶解氧增多，水质逐渐恢复。

65. ABD 【解析】在环境影响经济损益分析中，一般从四个方面来筛选环境影响：①影响是否内部的或已被控抑；②影响是小的或不重要的；③影响是否不确定或过于敏感；④影响能否被量化和货币化。

66. ABCD 【解析】废物填埋场渗滤液的主要来源有：①降水（包括降雨和降雪）直接落入填埋场；②地表水进入填埋场；③地下水进入填埋场；④在填埋场中处置的废物中含有部分水。

67. ACD 【解析】香农-威纳指数主要用以比较不同群落生物多样性大小。H 超大，说明该群落生物多样性越高，排除 B 项。

68. ABCD 【解析】建设项目的选址、选线和规模，应从是否与规划相协调、是否违反法规要求、是否满足环境功能区要求、是否影响敏感的环境保护目标或造成重大资源经济和社会文化损失等方面进行环境合理性论证。

69. AD 【解析】景观生态学在环境影响评价中的应用见《环境影响评价技术导则 生态影响》中的附录。景观生态学对生态环境质量状况的评判是通过两个方面进行的：①空间结构分析；②功能与稳定性分析。

70. ABD 【解析】污染型建设项目工程分析的基本内容包括：①工程概况；②工艺流程及产污环节分析；③污染物分析（如污染物源强核算）；④清洁生产水平分析；⑤环保措施方案分析；⑥总图布置方案分析。

71. ACD 【解析】B 项属验收监测报告的技术要求，A、C、D 三项为验收调查报告编制的技术总体要求。

72. ABD 【解析】项目对环境敏感目标的影响是环境影响预测的内容，排除 C 项。A、B、D 三项为环境现状调查与评价得出的结果。

73. ACD 【解析】在出现正西、正东风的条件下，两个工厂大气污染源都不影响；不可能出现两个工厂大气污染源共同影响；在出现正北风的条件下，甲厂大气污染源影响；在出现正南风的条件下，乙厂大气污染源影响。

74. BCD 【解析】一期工程不需要预测，已反映在现状监测值中。

75. ABCD 【解析】水文地质条件调查包括的内容十分广泛。除了包括含水层、隔水层的特征，地下水的特征，地下水监测井、地下水背景值等内容外，泉的情况，水源地的情况，气象、水文、土壤和植被状况，地层岩性、地质构造、地貌特征与矿产资源，包气带岩性、结构、厚度等都是水文地质条件调查的主要内容。

76. ACD 【解析】海洋生态系统功能要素目前着重调查初级生产力、新生产力和细菌生产力，具体调查内容按 GB/T 12763.6 规定执行。

77. ABCD 【解析】根据《建设项目环境影响评价分类管理名录》，应确定为环境敏感区的有基本农田保护区、天然湿地、鱼类产卵场、文教区。

78. BCD 【解析】A 项错误，一般来说，高贴现率不利于环境保护。

79. ABC 【解析】环境的使用价值，是指环境被生产者或消费者使用时所表现出的价值。环境的使用价值通常包含直接使用价值、间接使用价值和选择价值。环境的非使用价值，是指人们虽然不使用某一环境物品，但该环境物品仍具有的价值。根据不同动机，环境的非使用价值又可分为遗赠价值和存在价值。

80. ABCD 【解析】对于已有重点污染源的垂向防渗主要应用于：①由于地形条件限

制，无法进行地面防渗的；②由于已有装置的限制而无法开展地面防渗的；③已有大量固废堆存（贮存/填埋）而无法开展地面防渗的；④地下水污染范围已超出厂（场）界，且需切断污染向厂（场）界外传输途径的。

押题模拟试卷（四）

一、单项选择题

1. B 【解析】对于新建项目，大气污染源调查与分析的方法可通过类比调查、物料衡算法和设计资料确定。

2. A 【解析】采用类比法中的经验排污系数法，则该工厂每年去除 COD$=1.1\times10^{7}\times0.7\times(550-110)\times10^{-6}=3\ 388$（kg）。

3. D 【解析】新鲜工业用水如有自来水厂的数据应优先使用自来水厂的数据，如没有自来水厂的数据则用企业上报的数据。工业废水排放量$=1\times0.7=0.7$（万 t）。

4. A 【解析】最大耗煤量为 50kg/h，含硫量为 1.0%，煤中硫转化成 SO_2 的转化率取 80%，则烟气 SO_2 排放量为：$2\times50\times80\%\times1\%=0.8$（kg/h）$=222.2$（mg/s）。（注意：按照硫元素的物料平衡计算，硫和二氧化硫分子量相差 1 倍。）

5. C 【解析】C 项反推法是无组织排放量的统计方法。

6. D 【解析】建成后的小时浓度值$=0.05+0.10-0.05+0.10=0.20$（$mg/m^3$），二类区执行二级标准，$NO_2$ 小时浓度二级标准为 $0.24mg/m^3$，达标。

7. A 【解析】物料流 Q 是一种物质平衡体系。系统平衡关系：①把全厂看作一个衡算系统，则 $Q_1=Q_5+Q_8$；②把 A 车间作为一个衡算系统，则 $Q_1=Q_2+Q_3$；③把 B 车间作为一个衡算系统，则 $Q_2+Q_4=Q_5+Q_6$；④把 C 车间作为一个衡算系统，则 $Q_3+Q_6=Q_4+Q_8$；⑤把 B、C 车间作为一个衡算系统，则 $Q_2+Q_3=Q_5+Q_8$。

8. A 【解析】根据河流排污混合段的长度公式 $L=\dfrac{(0.4B-0.6a)Bu}{(0.058H+0.0065B)\sqrt{gHI}}$ 公式可得出，$l_{岸边}=26\ 374.7$m，$l_{中心}=6\ 593.7$m。

9. B 【解析】任何水体 pH 值的限值都是 6～9。当 $pH_j\leq7.0$ 时，$S_{pH,j}=(7.0-6.5)/(7.0-6.0)=0.5$。

10. B 【解析】该项目周边 500m 范围内人口总数$=400+1\ 600=2\ 000$（人）$>1\ 000$人，故该项目环境风险评价专项中大气环境敏感程度是 E1 环境高度敏感。

11. B 【解析】根据项目评价需要，一些项目还应对服务期满后（退役期）影响源强进行核算，力求完善。对于最终排入环境的污染物，确定其是否达标排放，达标排放必须以项目的最大负荷核算。

12. C 【解析】A、B、D 三项都属于污染物分析内容，而 C 项为工艺流程及产污环节分析。

13. D 【解析】该项目的评价范围以污染源为中心，边长为 5km 的正方形区域。选项

A 不属于环境保护目标，选项 B、C 不在评价范围内。

14. C 【解析】已知某噪声声压的情况下，声压级的计算公式为：$L_p 20\lg \frac{p}{p_0}$ (dB)（空气中的参考声压 p_0 规定为 2×10^{-5} Pa)，将题中数据代入该式，则该声音的声压级为 $L_p=20\lg\ [0.05/\ (2\times10^{-5})\ ] \approx 68$ (dB)。

15. B 【解析】进行浮游植物调查时采水样品显微鉴定计数时分 3 个粒级：<20μm、20～200μm、>200μm。粒级按细胞最大长度计算，对于那些多个细胞聚集形成的群体，则按群体的最大长度分级。

16. B 【解析】二氧化硫最大排放量 $Q=1\ 600\times1.2\%\times80\%\times2=30.72$ (kg/h)，最大排放浓度 $=30.72\times10^6/15\ 000=2\ 048$ (mg/m^3)，达标排放脱硫效率应大于 $(2\ 048-900)\ /2\ 048\times100\%=56.1\%$。

17. B 【解析】持水度是指饱水岩石在重力作用下释水后，所能持水量的体积与该岩石总体积之比；给水度是指在常压下饱水岩石在重力作用下流出来的水体积与该岩石总体积之比；容水度是指岩石孔隙中能容纳水量的体积与该岩石总体积之比；孔隙度是指岩样中所有孔隙空间体积之和与该岩样体积的比值。

18. C 【解析】要建立计算渗透系数 K 的精确理论公式比较困难，通常可通过试验方法（包括实验室测定法和现场测定法）或经验估算法来确定 K 值。

19. C 【解析】小于 400m 为“极敏感”，400～800m 为“很敏感”，800～1 600m 为“中等敏感”，大于 1 600m 可作为背景。

20. B 【解析】根据焚烧后的产物确定化学物质，由此可知只有氯仿含 Cl，焦油、乙醚、苯三种不含 Cl，主要成分为 C、H、O。

21. B 【解析】净初级生物量＝LB－IB＝9－5＝4 (mg/L)，总初级生物量＝LB－DB＝9－3.5＝5.5 (mg/L)。

22. A 【解析】$L_{eq}=10\lg\ (10^{0.1\times60}+10^{0.1\times70}) \approx 70.4$ (dB)。题中 15m 为干扰条件。

23. D 【解析】当两声压级差为 6 时，增值为 1dB，D 项符合题意。

24. D 【解析】当 $r<l_0/3$，$r_0<l_0/3$ 时，按无限长线声源处理。题中 90<400/3，30<400/3，按无限长线声源衰减公式计算：居民楼的声压级＝90－10lg (90/30)＝85 (dB)。

25. D 【解析】排入大气的烟尘量＝100×5%× (1－99%) ＝0.05 (kg/h)。

26. D 【解析】危险废物特性有毒性、易燃性、反应性、腐蚀性、爆炸性、传染性。

27. B 【解析】总监测数据个数包括未检出点数的数据，但不包括不符合监测技术规范要求的数据。则超标率＝15/ (50－8) ×100%＝35.7%。

28. B 【解析】植被补偿按生物物质生产等当量的原理确定具体的补偿量。

29. C 【解析】医疗废弃物属于危险废物，排除 B 项；油泥焚烧残渣和生活垃圾焚烧飞灰需经处理后才能进入填埋场处置，排除 A、D 两项。

30. B 【解析】医疗费用法、人力资本法、生产力损失法、防护费用法属于环境影响经济评价方法中的Ⅱ组评估方法，都是基于费用或价格的。

31. D 【解析】采用放射性标记物测定法的某元素，只有^{14}C具有放射性。

32. C 【解析】公路项目环境影响评价的噪声防治措施中，应优先考虑的是线路与敏感目标的合理距离，其次是声源控制，然后是声屏障，最后不得已再采用个人防护。

33. A 【解析】排水渠向南侧地下水渗漏补给量＝10×2 500×2%×2＝1 000（m^3/d）。

34. A 【解析】该站位SO_2 1h浓度的超标倍数＝（620－500）/500＝0.24。

35. D 【解析】在工业废水处理中，氟化物与沉淀剂［Ca（$OH)_2$］形成难溶的CaF_2。

36. C 【解析】选择性催化还原法是指以铜、铂、钒、钼、锰等的氧化物为催化剂，以氨、硫化氢、一氧化碳为还原剂，选择出最适宜的温度范围进行脱氮反应。

37. C 【解析】生态风险识别的常用方法包括问卷调查法、德尔菲法、头脑风暴法、风险因素预先分析法、环境分析法等。

38. B 【解析】水质监测分析过程中，水样采样过程应采集不少于10%的平行样；实验室分析过程一般也应加不少于10%的平行样。有标准样品或质量控制样品的项目，应在分析的同时做10%的质控样品分析；对无标准样品或质量控制样品的项目，且可进行加标回收测试的，应在分析的同时做10%加标回收样品分析。

39. D 【解析】环境水文地质问题包括：①原生环境水文地质问题调查，其中包括天然劣质水分布状况，以及由此引发的地方性疾病等环境问题；②地下水开采过程中水质、水量、水位的变化情况，以及引起的环境水文地质问题。

40. B 【解析】选项A错误，改进曝气类型适用于不需要实现过高去除率，通过沉淀即可达到去除要求的情况。选项C错误，与运行良好的传统（推流式）活性污泥法工艺相比，完全混合法活性污泥处理工艺的污染物去除率较低。选项D错误，吸附再生法适用于运行管理条件较好且无冲击负荷的情况。

二、不定项选择题

41. BC 【解析】耗氧速率指生物和微生物进行有氧呼吸作用所消耗氧气的速率。夏季温度高，生物和微生物繁殖快，耗氧速率要大些。另外，因其他条件不变，由温度校正公式可知，温度越高，耗氧速率越大。

42. ABCD 【解析】环保措施方案分析要点如下：①分析建设项目可研阶段环保措施方案的技术经济可行性；②分析项目采用污染处理工艺，排放污染物达标的可靠性；③分析环保设施投资构成及其在总投资中占有的比例；④依托设施的可行性分析。

43. AC 【解析】空气中的水汽主要来源于地表水、地下水、土壤和植物的蒸发。水面蒸发的速度和数量取决于许多因素（气温、气压、湿度、风速等），但主要取决于气温和绝对湿度的对比关系。风速是影响水面蒸发的一个重要因素，风速愈大，蒸发就愈强烈。蒸发包括水面蒸发、土面蒸发、叶面蒸发等。

44. D 【解析】施工期是公路工程产生生态破坏和水土流失的主要环节，应重点考虑工程用地、桥隧工程和辅助工程（施工期临时工程）所带来的环境影响和生态破坏。在工程用地分析中说明临时租地和永久征地的类型、数量，特别是占用永久基本农田的位置和数量。选项 A、B、C 属于运行期工程分析的内容。

45. ABC 【解析】地下水三级评价适宜的方法有：回归分析、趋势外推、时序分析和类比预测。

46. BC 【解析】生态环境保护战略特别注重保护 3 类地区：①生态环境良好的地区，要预防对其破坏；②生态系统特别重要的地区，要加强对其保护；③资源强度利用，生态系统十分脆弱，处于高度不稳定或正在发生退化的地区。

47. AB 【解析】大气基本污染物包括 SO_2、NO_2、PM_{10}、$PM_{2.5}$、CO、O_3。

48. ACD 【解析】采用类比法时，为提高类比数据的准确性，应充分注意分析对象与类比对象之间的相似性和可比性。如：①工程一般特征的相似性；②污染物排放特征的相似性；③环境特征的相似性。

49. ABCD 【解析】为便于分析和采取对策，要将生态影响划分为：有利影响和不利影响，可逆影响与不可逆影响，近期影响与长期影响，一次影响与累积影响，明显影响与潜在影响，局部影响与区域影响。

50. BCD 【解析】一级评价应采用数值法，二级评价针对不同的条件可用不同的方法。

51. ABCD 【解析】水生态系统初级生产量的测定方法包括：①氧气测定法；②CO_2测定法；③放射性标记物测定法；④叶绿素测定法。

52. ABC 【解析】在声环境影响评价中，需考虑地面效应引起的附加衰减条件包括：①预测点距声源 50m 以上；②声源距地面高度和预测点距地面高度平均值小于 30m；③声源与预测点之间的地面为软地面。声源与预测点之间的地面为硬地面时有反射作用，不会引起附加衰减。

53. ACD 【解析】土壤环境污染影响型的建设项目影响途径主要包括大气沉降、地面漫流、垂直入渗等。

54. BC 【解析】题中信息表明水量统计数据不完整的原因是尚未计入水面蒸发损失。

55. ABC 【解析】选项 A、B、C 属于一片森林环境的间接使用价值；选项 D 属于一片森林环境的直接使用价值。

56. ABD 【解析】对于属于多种污染物的无组织排放源应分别计算，并按计算结果的最大值确定其大气环境防护距离；对于属于同一生产单元（生产区、车间或工段）的无组织排放源，应合并作为单一面源计算并确定其大气环境防护距离。

57. ACD 【解析】CALPUFF 模式所需参数应包括：①地表参数（地表粗糙度、土地使用类型、植被代码）；②干沉降参数；③湿沉降参数；④化学反应参数（化学反应计算选项）。

58. ABC 【解析】城市污水处理厂污泥稳定过程有：厌氧消化、好氧消化、化学稳定和混合。

59. ABCD 【解析】汞及其化合物废气处理的常用方法包括：吸收法、吸附法、冷凝法和燃烧法。

60. ABCD 【解析】预测条件的确定包括：①受纳水体的水质状况；②拟预测的排污

状况；③预测的设计水文条件；④水质数学模型参数和边界条件（或初始条件）。

61. ABCD 【解析】在城市垃圾填埋场的环境影响评价中，应对填埋场废气产量，废气的综合利用途径，集气、导气系统失灵状况下的环境影响，废气利用方案的环境影响进行分析或评价。

62. ABC 【解析】优势度值由密度（Rd）、频率（Rf）和景观比例（Lp）3个参数计算得出。

63. ABC 【解析】地下水水文地质试验简单常用的方法包括：野外现场抽水试验、注水试验、渗水试验及室内渗压试验、达西试验、弥散试验等。

64. ABCD 【解析】具体生态机理分析法的工作步骤如下：①调查环境背景现状及搜集工程组成和建设等有关资料；②调查植物和动物分布，动物栖息地和迁徙路线；③根据调查结果分别对植物或动物种群、群落和生态系统进行分析，描述其分布特点、结构特征和演化等级；④识别有无珍稀濒危物种及重要经济、历史、景观和科研价值的物种；⑤预测项目建成后该地区动植物生长环境的变化；⑥根据项目建成后的环境（水、气、土和生命组分）变化，对照无开发项目条件下动植物或生态系统演替趋势，预测项目对动物和植物个体、种群和群落的影响，并预测生态系统演替方向。

65. ACD 【解析】B项是“环境保护设施运行效果测试”的内容。排放到环境中的各种废气、废水、各种有毒有害工业固（液）体废物及其浸出液，厂界噪声，公路、铁路及城市轨道交通噪声，码头、航道、机场周围飞机噪声也属达标排放监测的内容。

66. CD 【解析】敏感度评价指标有：视角或相对坡度、相对距离、视见频率、景观醒目程度。

67. BC 【解析】验收监测与调查的内容范围包括：①检查建设项目环境管理制度的执行和落实情况，各项环保设施或工程的实际建设、管理、运行状况及各项环保治理措施落实情况；②监测分析评价治理设施处理效果或治理工程的环境效益；③监测分析建设项目外排废水、废气和噪声等的达标情况；④监测必要的环境保护敏感点的环境质量；⑤监测统计国家规定的总量控制污染物排放指标的运行情况；⑥调查分析评价生态保护以及环境敏感目标保护措施情况。

68. BD 【解析】A、C两项均为工业耗水量范畴。

69. ABC 【解析】水库渔业资源调查中，鱼类调查包括：种类组成；渔获物分析；主要经济鱼类年龄与生长、虾等水生经济动物等调查。

70. ABD 【解析】“年轻”填埋场（填埋时间在5年以下）渗滤液的水质特点是：pH值较低，BOD_5及COD浓度较高，色度大，且BOD_5/COD的比值较高，同时各类重金属离子浓度也较高（因为较低的pH）。

71. BC 【解析】超级过滤法和反渗透法均属于深度处理方法；活性污泥法和加压气浮法均属于二级处理方法。

72. AC 【解析】成功的植被重建和绿化需要如下保障：投资有保障和技术培训。

73. ABD 【解析】C 项错误，高声级的突发性噪声测量量为最大 A 声级及噪声持续时间。

74. AB 【解析】土壤理化特性调查内容主要包括土体构型、土壤结构、土壤质地、阳离子交换量、氧化还原电位、饱和导水率、土壤容重、孔隙度、有机质、全氮、有效磷、有效钾等。

75. ABC 【解析】A、B、C 三项都可利用该资料，而 D 项不可利用该资料，它需要水文地质资料。

76. ABCD 【解析】动物调查的内容一般应包括动物的种类、种群数量、生境类型、分布情况、迁徙行为。

77. AD 【解析】海洋生态评价包括海洋生物群落结构分析与评价、海洋生态压力评价和海洋生态系统功能评价。

78. AC 【解析】气象水文灾害包括洪涝、酸雨、干旱、霜冻、雪灾、沙尘暴、风暴潮、海水入侵。地质地貌灾害包括地震、崩塌、雪崩、滑坡、泥石流、地下水漏斗、地面沉降。

79. BCD 【解析】水泥窑协同处置固体废物的类型主要包括危险废物、生活垃圾、城市和工业污水处理污泥、动植物加工废物、受污染土壤、应急事件废物等。

80. ABCD 【解析】依据预测点与线声源的距离和声源长度之间的关系，在有限长线声源的远场，可当做点声源处理，中场可按有限长线声源进行计算且公式为 $L_p(r)=L_p(r_0)-15\lg(r/r_0)$，近场可当做无限长线声源处理。

押题模拟试卷（五）

一、单项选择题

1. C 【解析】采用物料衡算法，排入大气中的 SO_2 量＝100×1%×（1－20%）×（1－80%）＝0.32（t/h）。

注：按照硫元素物料衡算时，S 与 SO_2 相对质量差了一倍。

2. B 【解析】SO_2 的排放量＝10 000×1%×2＝200（t/a），则该锅炉的脱硫效率至少应为（200－40）/200×100%＝80%。

3. C 【解析】对环境空气敏感区的环境影响分析，应考虑其预测值＋同点位处的现状背景值的最大值，即 0.1＋0.25＝0.35（mg/m^3）；对最大地面浓度点的环境影响分析，应考虑预测值＋现状背景值的平均值，即 0.2＋0.20＝0.40（mg/m^3）。

4. A 【解析】烟气去除量＝180×320×18×（1 100－180）×10^{-6}＝954（t）。

5. B 【解析】废气年排放量＝200×1.2＋300×1.5＝690（万 m^3）。

6. B 【解析】地下水一级评价采用数值法，数值法可以解决许多复杂水文地质条件和地下水开发利用条件下的水资源评价问题，并可以预测各种开采方案条件下地下水位的变化，预报各种条件下的地下水状态。

7. B 【解析】根据已知条件采用完全混合模式，即干支流汇流混合后的 NH_3-N 浓度 ＝（0.2×9＋2.0×1）/（9＋1）＝0.38（mg/L）。

8. C 【解析】采用物料衡算法原理，排入大气中的二氧化硫量＝［（2 000×1.5%×2）－6×2］×（1－60%）＝48×0.4＝19.2（kg/h）。

9. A 【解析】声源的测量量为 A 声功率级或倍频带声功率级，必要时应包含声源指向性描述；距离声源 r 处的 A 声级或倍频带声压级，必要时应包含声源指向性描述；等效感觉噪声级。

10. B 【解析】环境噪声评价量等效连续 A 声级是将某一段时间内连续暴露的不同 A 声级变化，用能量平均的方法以 A 声级表示该段时间内的噪声大小。

11. C 【解析】每小时进入除尘系统的烟尘量＝12 000×2 200×10^{-6}＝26.4（kg），排放的烟尘量＝26.4－22＝4.4（kg），不考虑除尘系统漏气影响，则净化后的废气含尘浓度＝（4.4×10^6）/12 000＝366.67（mg/m^3）。

12. A 【解析】在潮汐河流中，最重要的质量输移是水平输移。虽然存在垂向输移，但与水平输移相比较是较小的。

13. C 【解析】由达西定律可知，当水力坡度 i ＝1 时，则 $\nu = K$，即渗透系数在数值上等于渗流速度。

14. C 【解析】内梅罗法计算公式为 $c=\sqrt{\frac{c_{极}^2+c_{均}^2}{2}}$，式中：$c$ 为某水质监测因子的内梅罗值，mg/L；$c_{极}$ 为某水质监测因子的实测极值，mg/L，极值的选取主要考虑水质监测数据中反映水质状况最差的一个数据值；$c_{均}$ 为某水质监测因子的算术平均值，mg/L。由题意得，$c_{极}$＝21.4mg/L，$c_{均}$＝（14.0＋16.5＋20.8＋18.7＋21.4）/5＝18.3mg/L。故 c＝［（21.4^2＋18.3^2）/2］$^{1/2}$＝19.9（mg/L）。

15. D 【解析】控制指标建议值＝2×10^4×7 200×800×10^{-9}＝115.20（t/a）。

16. B 【解析】一维水质模型公式中需要“过水断面面积”参数，过水断面面积则需要河宽和水深的数据。

17. C 【解析】样地调查时，一般草本的样方面积在 1m^2 以上，灌木林样方在 10m^2 以上，乔木林样方在 100m^2 以上。

18. B 【解析】下垫面参数即地表参数或近地面参数，估算模型的地表参数根据模型特点取项目周边 3km 范围内占地面积最大的土地利用类型来确定。

19. D 【解析】A 项为水平衡式；B 项为物料衡算法计算通式；C 项为类比法经验排污系数公式。

20. B 【解析】非点源（面源）调查基本上采用搜集资料的方法，一般不进行实测。

21. B 【解析】另一个声源的声压级＝10lg（$10^{0.1L_{合}}-10^{0.1L_1}$）10lg（$10^{0.1\times75}-10^{0.1\times70}$）≈73.35（dB）。

22. B 【解析】当 $r>l_0$，$r_0>l_0$ 时，按点声源处理。选用公式 $L_p(r)=L_p(r_0)$ －

$20\lg\left(\frac{r}{r_0}\right)$，题中 800＞300，400＞300，按上式计算，则小区的声压级＝60－20lg（800/400）＝54（dB）。

23. D 【解析】线声源声传播距离增加 1 倍，衰减值是 3dB（A），即距离 50m 处的声压级＝80－3＝77dB（A）。

24. D 【解析】由于 8 层以上住宅位于声影响区外，故无降噪作用。

25. D 【解析】农业固体废物来自农业生产、畜禽饲养、农副产品加工等，如农作物秸秆、农用薄膜及畜禽排泄物等。

26. B 【解析】根据已知条件，超标倍数＝（0.45－0.15）/0.15＝2（倍）。

27. A 【解析】径流模数公式 $M=1\ 000Q/F$（式中：Q 为单位时间通过河流某一断面的水量，m^3/s；F 为流域面积，km^2），表示流域出口断面流量与流域面积的比值，单位是 L/（s・km^2），将题中数据代入，解得 $M=2\ 000$ L/（s・km^2）。

28. B 【解析】土壤盐渍化的根本防治措施是调控地下水水位。

29. D 【解析】污水处理场进水 COD＝（2 000×1 500＋200×250）/（2 000＋200）＝1 386（mg/L）。

30. A 【解析】A 项错误，废水中磷一般具有三种存在形式：正磷酸盐、聚合磷酸盐和有机磷。

31. A 【解析】只有 A 项曝气氧化塘属于生物处理方法，B、C、D 三项属于物理化学法。

32. C 【解析】挥发性有机化合物的基本处理技术主要有两类：①回收类方法，主要有吸附法、吸收法、冷凝法和膜分离法等；②消除类方法，主要有燃烧法、生物法、低温等离子体法和催化氧化法等。

33. A 【解析】$2\ 000\times0.1\times10^3/[(400-50)\times3\ 000\times10^{-3}]\approx190.48$（h），由于出口浓度小于 $50mg/m^3$，则吸附罐吸附周期小于 190.48h，即 190.0h。

34. A 【解析】球磨机、水泵发出的噪声贡献值相加后为 45dB（A），与 60dB（A）相差较大，因此，采取的噪声控制措施主要针对风机排气，可以排除 C、D 两项。引风机排气口为室外声源，加消声器效果更佳。

35. D 【解析】某污染物监测结果小于规定监测方法检出下限时，不参与总量核算。

36. B 【解析】根据两点法公式，$K_1=86\ 400u/\Delta x\times\ln(c_A/c_B)=86\ 400\times0.2/20\ 000\times\ln(4/3)\approx0.25\ (d^{-1})$。

37. C 【解析】对于改、扩建机场工程，测点一般布设在主要敏感目标处，测点数量可根据机场飞行量及周围敏感目标情况确定，现有单条跑道、二条跑道或三条跑道的机场可分别布设 3～9，9～14 或 12～18 个飞机噪声测点。

38. B 【解析】为了保证 3 个城市所有功能区达标，则都需满足Ⅲ类水体的限值（0.05mg/L），则最大允许负荷为：$0.05mg/L\times10m^3/s=0.50g/s$。

39. C 【解析】除尘后的烟气含尘浓度＝20 000×（1－98%）×（1－90%）＝40

(mg/m^3)。

40. B 【解析】二氧化硫、氮氧化物、颗粒物、氟化物的监控点设在无组织排放源下风向 2～50m 浓度最高点，其余污染物的监控点设在单位周界外 10m 范围内浓度最高点。

二、不定项选择题

41. ABCD 【解析】生态影响型项目工程分析时，主体工程、配套工程（公用工程、环保工程、储运工程）、辅助工程应纳入分析中。

42. C 【解析】在噪声防治措施中，一般优先考虑的是合理的规划和布局，其次是降低声源的辐射声级，然后是传播途径中采取降噪措施，最终是明确噪声控制距离。

43. ACD 【解析】公路交通噪声影响的防治对策和措施主要有：线路优化比选，进行线路和敏感建筑物之间距离的调整；线路路面结构、路面材料改变；道路和敏感建筑物之间的土地利用规划以及临街建筑物使用功能的变更，声屏障和敏感建筑物本身的防护或拆迁安置等；优化运行方式（包括车辆选型、速度控制、鸣笛控制和运行计划变更等）以降低和减轻公路和城市道路交通产生的噪声对周围环境和居民的影响。

44. ABC 【解析】应用估算模型时需输入的参数有：污染源参数城市/农村选项［城市/农村、人口数（城市选项时）］；最高环境温度；最低环境温度；土地利用类型；区域湿度条件；是否考虑地形；是否考虑海岸线熏烟。

45. BCD 【解析】大气污染源调查法一般有 3 种：物料衡算法、现场实测法、经验系数估算法。A 项遥感法是环境现状调查的一种方法，可从整体上了解一个区域的环境特点，可表明人类不能到达的地表环境情况，大多数用直接飞行拍摄方法，只判读和分析已有的航空或卫星相片。

46. BCD 【解析】黑色冶炼、有色金属矿山及冶炼的特征污染物为：pH、悬浮物、COD、硫化物、氟化物、挥发性酚、氰化物、石油类、铜、锌、铅、砷、镉、汞。

47. BCD 【解析】正确处理一般评价和生态环境影响特殊性问题：一般评价比较重视直接影响而忽视甚至否认间接影响，重视显现性影响而忽视潜在影响，重视局地影响而忽视区域性影响，重视单因子影响而忽视综合性影响；生态环境影响分析中应充分重视间接的、潜在的、区域性的和综合性的影响。

48. ACD 【解析】数值法模型的输入参数包括：①迁移模型需要的数据；②水流参数（渗透系数、储水系数与给水度、孔隙度、弥散度）。

49. ABCD 【解析】确定监测项目或监测对象，如：以法定保护的生物、珍稀濒危生物或地区特有生物为监测对象，可直接了解保护目标的动态；以对环境变化敏感的生物为监测对象，可判断环境的真实影响与变化程度；以土地利用或植被为监测对象，可了解区域城市化动态或土地利用强度，也可了解植被恢复措施的有效性等。

50. AC 【解析】合理安排建筑物功能和平面布局属于从传播途径上降低噪声，排除 B、D 两项。

51. BC 【解析】声环境现状评价包括声环境质量现状评价和噪声源现状评价，排除 A 项；改扩建飞机场，需要绘制现状 WECPNL 的等声级图，排除 D 项。

52. ABC 【解析】如预测计算点距离源中心≤1 000m，无论采用直角还是极坐标网格布点，预测网格点网格间距在 50～100m 都是合理的。

53. ABD 【解析】C 项错误，生态系统破碎化严重的景观阈值低。景观阈值与植被种关系密切，一般森林的景观阈值较高，灌丛次之，草本再次之，裸岩更低。一般孤立景观阈值低，坡度大和高差大的景观阈值较低。

54. ABCD 【解析】建设项目的水生生态调查一般应包括水质、水温、水文和水生生物群落的调查，并且应包括鱼类产卵场、索饵场、越冬场、洄游通道，重要水生生物及渔业资源等特别问题的调查。水生生态调查还包括初级生产量、浮游植物、浮游动物、底栖生物、潮间带生物和鱼类资源等，有时还有水生维管束植物调查等。

55. BCD 【解析】通过植物样方调查可以确定物种多样性，覆盖度和密度是主要的数据，生物量也常用来评价物种的重要性。

56. AB 【解析】C、D 两项为地表水渗漏补给量的计算方法。

57. BC 【解析】A 项 A 声级为测量量，D 项无“环境噪声级”这一概念。

58. ABCD 【解析】《建设项目环境影响评价分类管理名录》中环境敏感区主要包括：①自然保护区、风景名胜区、世界文化和自然遗产地、饮用水水源保护区；②基本农田保护区、基本草原、森林公园、地质公园、重要湿地、天然林、珍稀濒危野生动植物天然集中分布区、重要水生生物的自然产卵场及索饵场、越冬场和洄游通道、天然渔场、资源性缺水地区、水土流失重点防治区、沙化土地封禁保护区、封闭及半封闭海域、富营养化水域；③以居住、医疗卫生、文化教育、科研、行政办公等为主要功能的区域，文物保护单位，具有特殊历史、文化、科学、民族意义的保护地。

59. ABCD 【解析】为防止污染物渗入地下水，一方面要防止土壤污染，另一方面要想法阻断污染物与地下水的联系。这包括工矿企业的合理布局，尽量避免在关键地点上游排污；完善排水系统，严禁用渗井排放污水；合理选择废物堆放场所；污水池及固体废物堆放场底应做防渗处理；并应注意地质条件的选择，建立卫生防护带等。

60. ABD 【解析】当建设项目可能产生潜在的或长期累积效应时，可考虑选用生物监测法，排除 C 项。

61. ABD 【解析】大气环境防护距离计算模式是基于估算模式开发的，主要用于确定无组织排放源的大气环境防护距离。主要输入参数包括：面源有效高度、面源宽度、面源长度、污染物排放速率、小时评价标准。估算模式中嵌入了多种预设的气象组合条件，包括一些最不利的气象条件。因此，C 项不是计算大气环境防护距离需要的参数。

62. ABC 【解析】包气带下面是潜水层，与承压水的位置有一定的距离。

63. ABCD 【解析】AERMOD和ADMS模型地面气象数据，选择距离项目最近或气象特征基本一致的气象站的逐时地面气象数据，要素至少包括风速、风向、总云量和干球温度。

64. ACD 【解析】类比法的应用包括：①进行生态影响识别和评价因子筛选；②以原始生态系统作为参照，可评价目标生态系统的质量；③进行生态影响的定性分析与评价；④进行某一个或几个生态因子的影响评价；⑤预测生态问题的发生与发展趋势及其危害；⑥确定环保目标和寻求最有效可行的生态保护措施。B项属于指数法的应用。

65. BC 【解析】A项错误，河口区是海水与河流淡水相互汇合和混合之处，一般情况下淡的径流水因密度较海水小，于是由表层向外海扩展，并通过卷吸和混合过程逐渐与海水混合，而高盐度的海水从底部楔入河口，形成河口盐水楔；D项错误，盐水楔溯江而上入侵河口段的深度主要由径流大小决定，径流小入侵就深，径流大入侵就浅。

66. AC 【解析】B、D两项属于点源。

67. ABC 【解析】固体废物按其来源可分为城市固体废物、工业固体废物、农业固体废物。固体废物按其污染特性分为一般固体废物和危险废物。

68. BC 【解析】石灰石-石膏法、炉内喷钙法属于SO_2排放采用的脱硫措施；熔融盐吸收法是NO_x的控制技术方法。

69. BCD 【解析】A项旅游价值属于环境的直接使用价值，B、C、D三项属于环境的间接使用价值。

70. BCD 【解析】示踪物质有无机盐类、荧光染料和放射性同位素等，应满足如下要求：具有在水体中不沉降、不降解、不产生化学反应的特性；测定简单准确；经济；对环境无害。

71. ABCD 【解析】选择除尘器应考虑以下因素：①烟气及粉尘的物理、化学性质；②烟气流量、粉尘浓度和粉尘允许排放浓度；③除尘器的压力损失以及除尘效率；④粉尘回收、利用的价值及形式；⑤除尘器的投资以及运行费用；⑥除尘器占地面积以及设计使用寿命；⑦除尘器的运行维护要求。

72. ABD 【解析】运行中的垃圾填埋场对环境的主要影响有8点。这8点归纳为水（地表径流、地下水）、气、声、景观、地质、疾病、健康和安全、二次固废（塑料袋、尘土）等。

73. CD 【解析】化学法是利用化学反应的作用来去除废水中的溶解物质或胶体物质。常见的有中和、沉淀、氧化还原、催化氧化、光催化氧化、微电解、电解絮凝、焚烧等方法。隔油、过滤属于物理法，气浮、吸附属于物理化学法。

74. ABC 【解析】铁路建设项目的现状调查评价方法包括景观生态学法、图形叠置法和系统分析法。

75. BC 【解析】根据《国家危险废物名录》，焦炭渣、废离子交换树脂（净水装置用）属于危险废物。

76. BC　**【解析】** A、D两项属于环境影响的经济损益分析步骤。

77. ABC　**【解析】** D项错误。河流水质采样断面的布设位置应位于建设项目拟建排污口上游500m处。

78. CD　**【解析】** 农田退水和农村生活污水属于面源，排除A、B两项。

79. ABD　**【解析】** Ⅱ类建设项目可能引起地下水流场变化或地下水水位变化，因此，要以均衡开采为原则，提出防止超采的具体措施，建立动态监控系统，针对项目可能引发的其他环境水文地质问题提出应对预案。源头控制措施是指提出各类废物循环利用的具体方案，减少污染物的排放量；提出工艺、管道、设备、污水储存及处理构筑物应采取的污染控制措施，将污染物"跑、冒、滴、漏"降到最低限度，属于Ⅰ类建设项目的污染控制措施。

80. ABD　**【解析】** 对于山林、草原、农地等进行非点源调查时，应调查化肥流失率、农药施用量、化肥施用量。

押题模拟试卷（六）

一、单项选择题

1. C　**【解析】** 物料衡算法在具体建设项目产品方案、工艺路线、生产规模、原材料和能源消耗，以及治理措施确定的情况下，运用质量守恒定律核算污染物排放量。

2. D　**【解析】** 自然环境调查时，当地形地貌与建设项目密切相关时，除应比较详细地叙述地形地貌全部或部分内容外，还应附建设项目周围地区的地形图。

3. B　**【解析】** 渗透系数是反映岩土透水性能的重要指标，其值越大，说明地下水渗透越强，反之，越弱。

4. B　**【解析】** 环境影响评价应遵循的基本技术原则：①与拟议规划或拟建项目的特点相结合；②符合国家资源综合利用的政策；③符合国家土地利用的政策；④符合国家的产业政策、环保政策和法规；⑤符合流域、区域功能区划，生态保护规划和城市发展总体规划；⑥符合清洁生产的原则；⑦符合国家有关生物化学、生物多样性等生态保护的法规和政策；⑧符合国家和地方规定的总量控制要求；⑨符合污染物达标排放和区域环境质量的要求；⑩正确识别可能的环境影响；⑪选择适当的预测评价技术方法；⑫环境敏感目标得到有效保护，不利环境质量最小化；⑬替代方案和环境保护措施、技术经济可行。

5. A　**【解析】** 物种乙的密度=个体数目/样地面积=2/10=0.2（个/m^2）。所有种的密度=个体数目/样地面积=5/10=0.5（个/m^2）。物种乙的相对密度=一个种的密度/所有种的密度×100%=0.2/0.5×100%=40%。

6. B　**【解析】** B项错误，遥感影像分为非监督分类和监督分类两种。

7. A　**【解析】** 地表水体（水域环境功能为Ⅱ类）属于敏感F1，重要水生生物的自然产卵场属于环境敏感目标 S1，依据事故情况下危险物质泄漏到水体的排放点受纳地表水体功能敏感性，以及下游环境敏感目标情况，该项目环境风险评价地表水环境敏感程度分级判定为 E1 环境高度敏感区。

8. A　**【解析】** B、C、D 三项都属于总图布置方案分析内容，而 A 项为环保措施方案分析。

9. A　**【解析】** 水采浮游动物采样技术要求：①分级：20～200μm、200～500μm、大于500μm；②采水量：30～70L，依不同海区情况而定；③连续观测采样频次：每 3h 采样 1 次，一昼夜共 9 次。

10. A　**【解析】** 不符合监测技术规范要求的监测数据不参加统计计算，未检出的点位数计入总监测数据个数。则超标率＝20/（60－10）×100％＝40％。

11. D　**【解析】** 处理站外排 COD＝1 500×（1－80％）×（1－70％）×10 000×10^{-6}＝0.90（t/d）。

12. C　**【解析】**《恶臭污染物排放标准》中列了 8 种恶臭污染物，即氨、三甲胺、硫化氢、甲硫醇、甲硫醚、二甲二硫醚、二硫化碳、苯乙烯。

13. A　**【解析】** ppm 为 10^{-6}，为体积之比，量纲为 1。SO_2 的浓度为 5ppm，即百万分之五。SO_2 转换计算：（32＋16×2）×5/22.4＝14.3（mg/m³）。

14. C　**【解析】**《环境空气质量标准》和《工业企业设计卫生标准》只规定了日平均容许浓度限值的大气污染物，c_{0i} 一般可取日平均容许浓度限值的 3 倍，但对于致癌物质、毒性可积累或毒性较大（如苯、汞、铅等），可直接取其日平均容许浓度限值。

15. B　**【解析】** 该企业废水处理后氨氮的年排放量＝500×10^4×30×10^3×（1－60％）×10^{-9}＝60（t）。

16. B　**【解析】** 河流一级项目调查，一般情况下调查一个水文年的丰水期、平水期、枯水期；若评价时间不够，至少应调查平水期和枯水期。河流二级项目调查，若条件许可，可调查一个水文年的丰水期、枯水期和平水期；一般情况下可调查枯水期和平水期；若评价时间不够，可只调查枯水期。河流三级项目调查，一般情况下可只在枯水期调查。

17. D　**【解析】** 根据点声源衰减公式 $L(r)=L(r_0)-20\lg(r/r_0)$ 计算，距噪声源 30m 处的噪声值＝85－20lg（50/10）≈71（dB）。

18. B　**【解析】** 根据几个声压级相加的通用式 $L_{总}=10\lg(\sum_{i=1}^{n}10^{\frac{L_i}{10}})$（式中：$L_{总}$ 为几个声压级相加后的总声压级，dB；L_i 为某一个声压级，dB），则这五台机器同时运行时的声压级 $L_{总}=10\lg(10^{\frac{80}{10}}+10^{\frac{84}{10}}+10^{\frac{85}{10}}+10^{\frac{87}{10}}+10^{\frac{89}{10}})\approx92.93$（dB）。

19. B　**【解析】** 当 $l_0/3<r<l_0$ 且 $l_0/3<r_0<l_0$ 时，按 $L_p(r)=L_p(r_0)-15\lg(r/r_0)$ 计算。题中 500/3＜400＜500，500/3＜200＜500，按上式计算：老人院的声压级 $L_p(400)=L_p(200)-15\lg(400/200)=75.5$（dB）。

20. B　**【解析】** 按反应器类型划分，传统活性污泥法有推流式活性污泥法、阶段曝气法、完全混合法、吸附再生法以及带有微生物选择池的活性污泥法。

21. C 【解析】当在近岸内陆上建设高烟囱时，需要考虑岸边熏烟问题。由于水陆地表的辐射差异，水陆交界地带的大气由地面不稳定层结过渡到稳定层结，当聚集在大气稳定层内污染物遇到不稳定层结时将发生熏烟现象，在某固定区域将形成地面的高浓度。在缺少边界层气象数据或边界层气象数据的精确度和详细程度不能反映真实情况时，可选用 CALPUFF 模型。

22. D 【解析】在给定条件下，可降解物质每 15km 降解 50%，则在 30km 处，又降解到 50%的一半，仅为初始浓度的 25%，比排污口浓度降低 75%。

23. C 【解析】由于噪声在夜间比昼间影响大，计算昼夜等效声级时，需要先将夜间实测等效声级值加上 10dB 再计算。

24. C 【解析】地下水的实际流速 u 大于渗流速度 v。

25. C 【解析】A 项错误，极端不利：外界压力引起某个环境因子无法替代、恢复和重建的损失，这种损失是永久的、不可逆的。B 项错误，非常不利：外界压力引起某个环境因子严重而长期的损害或损失，其代替、恢复和重建非常困难和昂贵，并需很长的时间。D 项错误，轻度不利：外界压力引起某个环境因子的轻微损失或暂时性破坏，其再生、恢复与重建可以实现，但需要一定的时间。

26. D 【解析】物种量是指在生态评价时，以群落单位面积内的物种作为标准；生长量是指生物中个体或群落随时间的推移质量、结构、形态指标变化的数量；生物生产力是指生物在单位面积和单位时间所产生的有机物质的重量；生物量是指一定地段面积内某个时期生存着的活有机体的重量。

27. C 【解析】水环境评价调查范围应在 AE 段和 BD 段，其关键是淹没点即为影响范围。

28. A 【解析】厌氧生物处理宜用于高浓度、难生物降解有机废水和污泥等的处理。

29. B 【解析】Ⅳ类水体 pH 环境标准为 6～9，pH 的标准指数为：当$pH_j>7$时，$S_{pH,j}=(7.45-7)/(9-7)=0.23$；当 $pH_j\leqslant7$ 时，$S_{pH,j}=(7-6.85)/(7-6)=0.15$。

30. A 【解析】B 项为非点源混合模式；C 项为有毒有害污染物溶解态的浓度计算式；D 项为河流一维稳态水质模型方程解。

31. C 【解析】建设项目竣工环境保护验收时，对非稳定废水连续排放源，采用等时采样方法测试时，每个周期依据实际排放情况，按每 2～4h 采样和测试一次。

32. C 【解析】传播距离是几何发散衰减的主要参量。

33. C 【解析】一般三级处理能够去除 99%的 BOD_5、磷、悬浮固体和细菌以及 95%的含氮物质。

34. A 【解析】在河流水质预测模式中，水质运移扩散主要有对流和弥散作用，也就是边对流边弥散，故小于 5h。

35. A 【解析】距左岸距离差值分别为 20m、30m、50m、100m；BOD 监测值在横向上差值为1、1、4、3，而BOD计算值在横向上差值为1.5、1.5、1.5、4，BOD监测值与BOD计算值的差值为1.5、2、2.5、0、3，均表现出偏大的趋势。由于横向浓度差异主要是横向混合系数起主导作用，耗氧系数起一定作用，因而横向混合系数偏大。

36. C 【解析】影子工程法是用复制具有相似环境功能的工程的费用来表示该环境的价值，是重置费用法的特例，可用于评估水污染造成的损失、森林生态功能价值等。

37. A 【解析】隔油属于物理法；吸附、气浮属于物理化学法；沉淀属于化学法。

38. B 【解析】B项错误，费用效益分析是从全社会的角度而非环境保护的角度评价项目、规划或政策对整个社会的净贡献。

39. D 【解析】香农-威纳指数用以表达生物多样性的一种方法，在香农-威纳多样性指数计算公式中，包含两个因素影响生物多样性的大小：①种类数目，即丰富度；②种类中个体分配上的平均性或均匀性。

40. A 【解析】计权等效连续感觉噪声级WECPNL计算公式中的飞行架次的权重取值：昼间（7：00—19：00）为1；晚上（19：00—22：00）为3；夜间（22：00—7：00）为10。

二、不定项选择题

41. BC 【解析】A项是径流模数的定义；D项计算公式有误。

42. AD 【解析】河口与一般河流主要区别是受到潮汐的影响，排除B项；河口段水结构还有部分混合型和充分混合型两种，排除C项。

43. ABD 【解析】C项错误，放射性标记物测定法是将放射性^{14}C以碳酸盐$^{14}CO_3^{2-}$的形式，放入含有自然水体浮游植物样瓶。

44. ABD 【解析】声环境质量现状评价包括各功能区噪声级、超标状况及主要影响的噪声源分析；各边界的噪声级超标状况，并进行主要噪声源分析。此外还要说明受噪声影响的人口分布状况。

45. ACD 【解析】在统计污染物排放量的过程中，应算清新老污染源“三本账”，即技改扩建前污染物排放量、技改扩建项目污染物排放量、技改扩建完成后污染物排放量。

46. ABC 【解析】A、B、C三项都是工业固体废物，而D项中城建渣土属于城市固体废物。

47. BCD 【解析】与声波频率有关的户外声传播衰减方式包括大（空）气吸收、绿化林带、屏障屏蔽引起的衰减。

48. ABD 【解析】植被中物种的重要值＝相对密度＋相对优势度＋相对频度。

49. AD 【解析】基本污染物年评价指标要求包括：SO_2年平均、SO_2 24h平均第98百分位数；NO_2年平均、NO_2 24h平均第98百分位数；PM_{10}年平均、PM_{10} 24h平均第95百分位数；$PM_{2.5}$年平均、$PM_{2.5}$ 24h平均第95百分位数；CO24h平均第95百分位数；O_3日最大8h滑动平均值的第90百分位数。

50. AC 【解析】补偿是一种重建生态系统以补偿因开发建设活动而损失的环境功能的措施。它有就地补偿和异地补偿两种形式。

51. ABC 【解析】河流水质模型的选择必须考虑的主要技术问题包括：①水质模型的空间维数；②水质模型所描述（或所使用）的时间尺度；③污染负荷、源和汇；④模拟预测的河段范围；⑤流动及混合输移；⑥水质模型中的变量和动力学结构。

52. ABC 【解析】A、B、C 三项都属于指数法的应用，而 D 项属于类比法的应用。

53. ACD 【解析】B 项错误，应是填埋场填埋机械噪声对公众的影响。

54. B 【解析】除化学需氧量、生化需氧量、总氮、氨氮和悬浮物外，其他指标都是每年测定一次，如粪大肠菌群数。

55. ABD 【解析】对于振动、摩擦、撞击等引发的机械噪声，一般采取隔振、隔声措施。如对设备加装减振垫、隔声罩等。

56. ABD 【解析】常规预测内容包括：小时浓度、日平均浓度、年均浓度。

57. ACD 【解析】对于物种稀少、分布面积小、种群数量相对较少的区域，宜采用全查法。

58. BCD 【解析】进行建设项目环境保护验收时，验收重点有：①核查验收范围；②确定验收标准；③核查验收工况；④核查验收监测（调查）结果；⑤核查验收环境管理；⑥现场验收检查；⑦风险事故环境保护应急措施检查；⑧验收结论。

59. ABCD 【解析】废水的三级处理中，用于去除 SS 的化学絮凝剂有铝化合物、铁化合物、碳酸钠、氢氧化钠、二氧化碳、聚合物。

60. ABCD 【解析】区域陆生植被调查的方法有资料收集、样方调查、遥感方法、专家咨询、样本采集。

61. ABCD 【解析】大气环境影响预测中，地面气象观测资料的常规调查项目包括：时间（年、月、日、时）、风向（以角度或按 16 个方位表示）、风速、干球温度、低云量、总云量。

62. ABC 【解析】废水的三级处理是指在废水经二级处理后，还需要进一步去除其中的悬浮物和溶解性物质的处理过程。D 项呈分层或乳化状态的油类污染物主要在一级处理过程中被除去，A、B、C 三项一般可在废水的三级处理过程中去除。

63. ACD 【解析】行业污染物排放标准中涉及的水污染物应作为评价因子（氨氮是水体中的主要耗氧污染物之一）；在车间或车间处理设施排放口排放的第一类污染物应作为评价因子。建设项目可能导致受纳水体富营养化的，评价因子还应包括与富营养化有关的因子（如总磷、总氮、叶绿素 a、高锰酸盐指数和透明度等）。

64. ABCD 【解析】建设项目实施过程各阶段拟预测的水质参数应根据工程分析和环境现状、评价等级、当地的环保要求筛选和确定。

65. BC 【解析】*ISE* 是负值或者越大，说明拟建项目排污对该项水质因子的污染影响越大。

66. AC 【解析】专家和公众咨询法是对现场勘查的有益补充，专家和公众咨询应与资料收集和现场勘查同步开展，排除B项；遥感调查过程中必须辅助必要的现场勘查工作，排除D项。

67. ABD 【解析】蓄热燃烧系统使用合适的蓄热材料和工艺，以便使系统达到处理废气所必需的反应温度、停留时间、湍流混合度的要求。

68. BC 【解析】第一类污染物不分行业和污水排放方式，也不分受纳水体的功能类别，一律在车间或车间处理设施排放口采样。第一类污染物包括：总汞、烷基汞、总镉、总铬、六价铬、总砷、总铅、总镍、苯并[a]芘、总铍、总银、总α放射性、总β放射性。

69. AD 【解析】隐含价格法、调查评价法属于第Ⅰ组环境价值评估方法，具有完善的理论基础。

70. ABC 【解析】无组织排放源强估算方法有：物料衡算法、反推法、类比法。排放标准限值估算法不能作为估算方法。

71. ABCD 【解析】除了题中的防治措施外，还有改进生产工艺、水环境管理措施、地下水环境监测措施等措施。

72. ABCD 【解析】公路、铁路声环境影响评价需着重分析、说明以下问题：①针对项目建设期和不同运行阶段，评价沿线评价范围内各敏感目标（包括城镇、学校、医院、集中生活区等），按标准要求预测声级的达标及超标状况，并分析受影响人口的分布情况；②对工程沿线两侧的城镇规划中受到噪声影响的范围绘制等声级曲线，明确合理的噪声控制距离和规划建设控制要求；③结合工程选线和建设方案布局，评述其合理性和可行性，必要时提出环境替代方案；④对提出的各种噪声防治措施需进行经济技术论证，在多方案比选后规定应采取的措施并说明措施降噪效果。

73. BCD 【解析】二氧化硫治理常用工艺包括石灰石/石灰—石膏法、烟气循环流化床法、氨法、镁法、海水法、吸附法、炉内喷钙法、旋转喷雾法、有机胺法、氧化锌法和亚硫酸钠法等。

74. ABC 【解析】生态影响预测应包括生态影响因素、生态影响受体、生态影响效应方面的分析。生态防护措施是针对影响效应提出的。

75. ABCD 【解析】对于一个选址符合环保要求的拟建垃圾填埋场，控制和预防地下水污染的措施包括防渗工程，渗滤液疏导、处理工程，雨水截流工程，渗滤液系统监测系统。

76. ACD 【解析】环境影响识别的主要方法有：清单法、矩阵法、叠图法、影响网络法等。B项是大气日平均浓度的计算方法。

77. ACD 【解析】水田和竹林具有经济价值，稀树灌木林具有科学意义，都应列为生态敏感保护目标。而桉树林属于一般性生态保护目标。

78. BCD 【解析】根据《水库渔业资源调查规范》，水库渔业资源调查中水的理化性质调查必做内容：水温；透明度；电导率；pH值；溶解氧；化学耗氧量；总碱度；总硬度；氨氮；硝酸盐氮；总氮；总磷；可溶性磷酸盐。选做内容：重碳酸盐；碳酸盐；钙；镁；氯化物；硫酸盐；亚硝酸盐氮；总铁；钠；钾；污染状况。

79. ABCD 【解析】建设项目环境保护措施的经济论证内容包括：①环保措施的投资费用；②环保措施的运行费用；③环保措施的处理效率；④环保措施的环境经济效益。

80. D 【解析】SO_2年排放量＋NO_x年排放量＝240＋320＝560（t/a）≥500t/a，当建设项目排放的SO_2和NO_x年排放量大于或等于500t/a时，评价因子应增加二次污染物$PM_{2.5}$。